丰富清晰的步骤图片,让您一看就想学,一学就会

最详尽的缝纫
教科书

从基本的缝纫知识，到布料准备、机缝方法等，
详尽的步骤图和插图说明，保证让您零失败！

（日）河合公美子　著

杨彩群　译

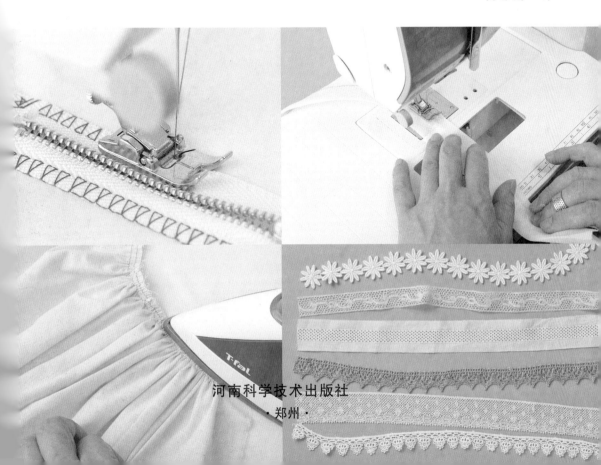

河南科学技术出版社
·郑州·

目　录

基本缝纫用语

* 开口止位：开口部分的终点。表示"开到这里为止"。

* 缩缝：布上呈现出立体圆形的缝纫方法。使用较粗的缝纫针缝合，即使不将布收集在一起，轻轻一拉线，也可呈现出圆圆的、鼓鼓的形状。

* 后身中心：衣服后身片的中心线。纸样中多用BC表示。

* 面线：缝纫机缝合时，面线、底线两根线交织在一起。面线指的是放在缝纫机的上侧，穿过缝纫针的线。

* 领窝：沿着颈部的部分。

* 落针压缝：为使缝份平稳、牢固，从布的正面在缝份的边缘用明线缝合的方式。

* 缝份：布边向内折叠的部分。

* 返口：为将缝好的布翻至正面朝外，预留出不缝合的部分。将布翻至正面朝外后，从正面，使用缝纫机或是手工缝合返口。

* 回针缝：为加强起缝处和止缝处的牢固度，同一处反复缝合3~4针的缝合方法。

* 裁剪：将布切成小块。

* 底线：缝纫机缝合时面线、底线两根线交织在一起。底线指的是穿过梭心的线。

* 疏缝：正式缝纫（作品完成前的缝纫）前，为使针迹、折痕不发生偏离，一种临时缝合的缝纫方式。

* 实物大小纸样：同成品尺寸相当的纸样。

* 肩点：上臂肩膀中心点。纸样上多用SP表示。

* 明线缝合：为使缝份平稳，使用与布颜色不同的线，自布的正面缝装饰线的一种缝合方式。

* 背面相对：两块布背面与背面相对着的叠合方式。

* 毛边：布料的裁剪牙口。为使布边不被磨损，需要作些适当的处理。

* 试缝：正式缝纫前，用使用布的布边确认针脚的状态的缝合方式。

* 贴布：为加强表布，贴在表布背面的一种布。有时也称垫布。

* 共布：与表布相同的布。

* 正面相对：两块布的正面与正面相对的一种叠合方式。

* 缝份：两块布拼缝时，自针脚至布边的部分。

* 领点：领窝与肩线的交织点。纸样上多用NP表示。

* 牙口：缝份处用小剪刀剪的小牙口。

* 褶裙：带褶的裙子。

* 前身中心：衣服前侧的中心。纸样上多用FC表示。

* 上裆和下裆：上裆指的是裤裆以上的部分，下裆指的是裤裆以下的部分。

* 暗针缝：为使针脚不明显，缝合固定布边的一种缝纫方式。经常用于缝合裤子、裙子下摆。

* 贴边：处理布边或加强布硬度时，贴在衬衫等前襟背面或领窝、袖窿的背面的布。贴边与衣片分别裁剪，最终拼缝在一起。

* 衣片：衣服上半身部分。衣片前侧称为前衣片，衣片后侧称为后衣片。

* 叠合部分：腰带、拉链等开口处叠加布的部分。

第1章

缝纫机相关知识

1 选择缝纫机的要点

选择缝纫机是缝纫生活的第一步。请参考以下列举的选择要点，结合自己的需求，选择合适的缝纫机。确定想要的型号后，实际购买时再次确认一下。

要点 1 明确想用缝纫机缝制什么

缝纫机种类太多，很容易挑花眼。所以，首先要明确想用缝纫机缝制什么。比如，用来缝制包包等小物件，用来刺绣，或者用来缝制服装。依据想制作的东西选择确定缝纫机型号。此外，性能高的缝纫机一般价格也比较高。所以在选择缝纫机前一定要明确使用目的和用途。

想使用缝纫机缝制小物件的人群	想使用缝纫机缝制大物件的人群	想使用缝纫机尝试着缝制服装的人群

想制作午餐袋、手提袋、围裙等小物件	想制作服装、窗帘、桌布、被套等室内装饰小物件	想制作羊毛、丝绸等材料服装
↓	↓	↓
家用电子缝纫机	专业用缝纫机	家用电脑缝纫机

要点 2 寻找服务态度好的商店

购买缝纫机后，有时会对一些操作方法不是很明白，此外也要对缝纫机进行定期保养。如果找到一家服务态度好并且有专门的缝纫机顾问的商店，在有问题时能得到耐心解答，会很安心。如果缝纫机不能充分利用，长期冷落在一旁，着实很可惜。

要点 3　检查结构和功能

带有脚踏控制器

缝纫机的操作方法有两种，一是通过"开始""结束"按钮操作，二是使用脚踏控制器操作。如是脚踏控制器操作的，不需要用手操控按钮，两只手都可以用来处理布，可以安心缝制。特别推荐给初学者使用。如不是脚踏控制器操作的，需要根据自己的情况确认一下是否有必要购买。

梭心形状正常

梭心，用来缠绕底线。更换缝纫线时，如果有备用的梭心会非常方便。有时，缝纫机型号不同，梭心的孔直径、高度等也略有不同。特别是在选择国外生产的缝纫机时，要确认梭心的形状是否特殊，是否容易购买到。

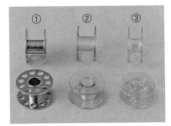

①梭心，选择需要的类型（半回转圆形・家庭用）
②厚型（水平釜用塑料梭心）
③薄型（水平釜用塑料梭心）

能调节曲折缝的宽度

事先确认是否具有回针缝的功能，是否能调节针脚的长度。还需要确认一下曲折缝的宽度以及曲折缝的针距是否可以调节。

 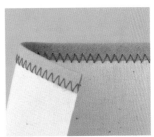

曲折缝的宽度、针脚长度变更后的缝合样子，右侧的宽度较大。曲折缝针迹是设计的重点。

推荐缝纫专业人士使用垂直釜

缝纫机可分为水平釜、垂直釜两种类型。家用缝纫机以水平釜为主，梭皮内藏于主体内，配套简单。此外，可清晰看到底线的剩余量。垂直釜的梭心与梭皮配套使用，面线与底线紧紧地交织在一起，缝出来的针脚直。推荐缝纫专业人士使用垂直釜。

 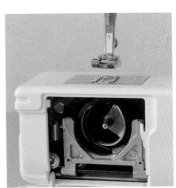

水平釜梭心配套非常简单，底线的余量清晰可见。

垂直釜使用梭皮，缝出来的针脚直。

2 缝纫机的种类和用途

小型缝纫机易收放，类型多样，有可供家庭使用的，可供专业人士使用的，也有可作为量产工业用的类型。类型不同，特征也有所不同，请根据用途选择合适的缝纫机。

适用于希望扩大作品的幅度、想缝制服装的人

家用电脑缝纫机

内置有电脑，通过电脑来控制针的上下运动、线的状态、针脚的长度等。只需轻轻一按按钮，就可以完成各种各样的操作。因是电源式的，所以针脚特别直。此外还可以用来刺绣、缝制各种图案，推荐给那些希望扩大作品的幅度、想制作服装的人使用。

适用于初学者

家用电子缝纫机

通过拨号设定线的状态、针脚大小。具备自动开扣眼、曲折缝功能，即使是质地较厚的布料也能缝合，所以推荐给初学者使用。适合用来缝制包包、小袋子、围裙等小物件以及制作简单的服装。

专业用缝纫机

专门用做直线缝合的缝纫机，不具有曲折缝和刺绣的功能。与家用缝纫机相比，质地较厚的布料也能轻松缝合，缝出的针脚非常漂亮。可供从事缝制工作的人或是专门学习服装制作的学生等使用。

抬脚器

不用手，用膝盖操作，压脚可上下移动。

锁边缝纫机

锁边专用缝纫机，使用1~2根针对应2~4股线。缝制过程中能将多余的布剪掉，布边处理后就像完成品一样，非常漂亮。此外，针脚可以按照编制的状态进行，也适用于针织布。仅仅使用锁边缝纫机便可以缝制服装。

工业用缝纫机

批量生产服装时使用的缝纫机。不仅可缝制直线，还可用来开扣眼、刺绣、针织等。通常一种机型配备一种功能，具有缝制速度快、时间长等性能。现在有电子化的工艺用缝纫机机种，可用来缝制复杂的部分。

还有这样的缝纫机哦！

针脚效果如同手工缝制的缝纫机

此款缝纫机缝制出来的针脚如同手工缝制。背面的针脚与普通缝纫机缝纫的针脚相同。推荐绗缝时使用。

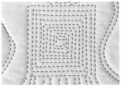

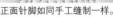

正面针脚如同手工缝制一样。

背面针脚与普通缝纫机的针脚无差异。

3 工具和材料

使用缝纫机缝制时，除缝纫机外还有一些工具和材料是必需准备的。哪些工具和材料是必备的？哪些是会给缝纫带来方便的？在此一一为大家介绍。

缝纫必备的工具和材料

缝纫线和缝纫针

缝纫线与缝纫针依据布料的厚度有所不同，质地薄的布使用细线、细针，质地厚的布使用粗线、粗针。线、针的粗细如果与布的质地不匹配，会出现跳针、断线等麻烦。所以要选用与布厚度相适宜的线和针。使用粗线缝制时，针脚要长一点，使用细线缝制时，针脚要短一些，这样完成的针迹会很漂亮。

● 缝纫线

有棉线、丝线、聚酯线等，推荐使用色数较多且较为结实的聚酯线。尽量使用与布颜色相近的线。如是图案布，请选用与底布颜色相近或是与布料中比重最大的颜色相近的线，尽量使用颜色不明显的线。一般缝合时使用的缝线有90号、60号、30号三种，号码越大越适合质地薄的布料使用。缝纫线会随着时间劣化，请不要有太多的库存，需要时再去店里购买。

● 缝纫针

有家庭用、工业用、锁缝用等种类的缝纫针。请结合缝纫机的类型准备适宜的缝纫针。经常使用的为9、11、14、16号缝纫针。缝纫针与缝纫线相反，号码越小针越细。为防止缝纫针弯折，请提前准备好备用针。

质地较薄
（相当于手帕厚度）

双绉布、蝉翼纱、薄纱、乔其纱、纱布、平纹织布等。

90号　　　　9号

普通质地
（相当于白衬衫或棉衬衫厚度）

床单布、格子棉布、泡泡布、斜纹布、府绸、磨毛布等。

60号　　　　11号

质地较厚
（相当于裤子厚度）

牛仔布、厚脊灯芯绒棉、帆布、厚尼龙布等。

30号（或者60号）　14号（或者16号）

缝制针织布、牛仔布等时

缝纫针织、有弹性的布料时，使用具有伸缩性的尼龙线（50号）和专用针比较好。缝纫牛仔裤等质地较厚的布料时使用30号缝线和专用针。

针织等易伸缩布用50号线及专用针。　　质地较厚的牛仔布等使用30号线及专用针。

梭心

梭心用来缠卷底线。缝纫机缝合时必须使用的工具。缝纫机机型不同，梭心可能也会有所不同，所以一定要事先确认好。梭心分金属制和塑料制两种（见第9页）。

左侧梭心是金属制的，中间和右侧的是塑料制的（请参照第9页）。

底线缠卷在梭心上使用。

剪刀

用来裁剪服装专用布的剪刀，一般长24cm。如制作较厚的大衣或礼服等大物件时，使用长为26cm的剪刀会更好用。剪刀如沾水或是用来裁剪布线以外的纸张等物品时，锋利度会下降。此时，可以拿到专门磨刀的工具店，找他们帮忙。

左侧长度为24cm的裁剪专用剪刀；右侧长度为26cm裁剪专用剪刀。

锥子

缝纫机缝合时，可使用锥子送布，调整布角，或拆针脚等细活。一把锥子可身兼多职，提前准备一把，缝纫过程中非常方便。静置时不会滚动的锥子使用起来更方便。

●做标记

床单布、格子棉布、泡泡布、斜纹布、府绸、磨毛布等。

因为有个小洞，所以做的标记线更易理解。

●辅助送布

拼缝、缝褶皱、缝合拉链等时，一边用锥子压着布一边缝合，会比较容易。

用锥子压着布缝合，缝制出来非常漂亮。

●调整布角

拼缝的布翻至正面朝外后，使用锥子将布角拉出。用锥子挑布角，挑至缝份即将开缝，如同被挤出来一样就可以了。

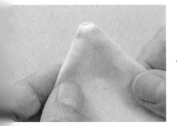

布角翻至正面朝外的样子。

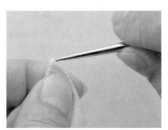

用锥子尖挑布角，挑至布角如同被挤出来一般。

完成后的布角非常漂亮。

缝制作品的工具和材料

制作纸样、做标记时

铅笔（或者自动铅笔）   **剪刀（剪纸专用剪刀）**   **画线铅笔**   **画线笔**
橡皮

 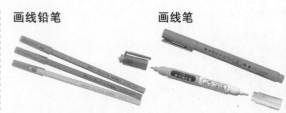

将纸样复制到纸上时需要使用到铅笔和橡皮。自动铅笔因其画出的线粗细恒定，所以画直线时使用自动铅笔非常方便。裁剪纸样时须使用剪纸专用剪刀。

用画线铅笔、画线笔可在布上做记号。画线铅笔做的记号用水可以擦洗掉，推荐大家使用。画线笔有不同的类型，如字迹遇水消失、时间长自然消失、用专用笔可以涂改或消失等。与字迹粗的笔相比，字迹细的做出来的记号看起来更清晰。

布用复写纸

将纸样复制在布上时使用。将布用复写纸夹入两块布之间，上面覆上纸样，在纸样上方转动滚轮刀，这样纸样便复制在布上了。有种布用复印纸，复印出的图案线用喷壶喷点水便可消失，使用非常方便。

滚轮刀

使用时，食指贴着滚轮刀。

与布用复写纸一起使用。两块布背面相对，中间塞入布用复写纸，上面覆上纸样，在纸样上方转动齿轮，纸样便复制在布上了。滚轮刀有圆形刀尖、尖形刀尖两种类型，圆形刀尖不会损伤布、纸样，推荐大家使用。

手握滚轮刀刀柄，画出的线不流畅。

牛皮纸   制图用纸

复制纸样时使用的薄纸。使用牛皮纸（左图）时粗糙面朝上。画直角、直线时使用印有5cm见方格子的制图用纸（右图），画出来的图案线非常漂亮。两种纸都使用卷状的，无折痕，便于画线，也不会造成浪费。

方格尺

测量、画线时需要使用到尺子。这把方格尺刻有量缝份经常使用到的间距1~1.5cm的直线以及间距1.2cm的直线，使用起来非常方便。也可弯曲用来测量平缓的圆弧部分尺寸。当用来在图案布、深色布上测量、画线时，可以通过尺子上方绿色部分来读数。50cm长的方格尺适合制作服装时使用。

测量、缝纫机缝纫、手工缝纫时

熨斗

喷壶

缝纫时经常会使用到熨斗。制作完成的作品可使用蒸汽熨斗整型（参见P27）。用熨斗尖做细致工作时要保持熨斗无蒸汽，干燥。喷壶可选用喷出细小雾气类型的，如图所示，喷壶中有个小球，可以将喷壶中最后的雾气喷出来。

熨烫板

简单的四边形熨烫板使用起来非常方便。请选用易处理、易取放的熨烫板。可以给熨烫板加个套子，脏了的话直接更换套子就可以了。

手缝针

疏缝、暗针缝时经常使用手缝针。请提前准备普通布料用、质地较厚的布料用针，根据布料的厚度和操作的类型选择适宜的手缝针。

珠针

为使叠加的布不脱落，可使用珠针临时固定。塑料圆珠的针尾，熨斗熨烫时不会熔化，使用起来非常方便。

软尺

量尺寸、测量圆弧线时使用。请准备长1.5m左右的软尺。为使10cm间隔读数更清晰，有的卷尺用不同的颜色区分。

疏缝线

疏缝时使用的专用线，比手缝线更松软。将疏缝线束成一个线圈，从一处剪断，使用时一根一根抽出。（参见P46）

针插

推荐大家使用可以吸附针的磁铁针插。放在缝纫机旁边，使用起来非常方便。手工制作时，将针插放在器皿里，更加方便。

顶针

手工缝制时，戴在运针手中指的第一关节与第二关节中间。缝合时针鼻抵到顶针的凹处，运针。习惯使用顶针后，操作起来非常顺畅。上面的顶针可以自由调整尺寸。（参见P48）

让缝纫更便利的工具和材料

手缝线

手工缝制时使用手缝线。手缝线粗细不同，种类很多，请结合自己的使用目的选择合适的手缝线。

重物

纸样放在布上裁剪，做标记时，为不使布与纸样脱离，可在纸样上方压个重物。左方的重物用于画圆弧制品、袖窿、领窝曲线。小巧且底面平坦的空盒子里塞入小石子、硬币等可作为重物使用。

马凳

可塞入脚的细长熨烫台。熨烫衣袖、裙子等筒状部分时使用。因其有突出的形状，是制作立体作品时不可缺少的工具。

斜纹带（包边条）制带器

将布自金属口穿入，用熨斗熨烫，斜纹带（包边条）便制作好了。也可以用来制作可热合粘贴的斜纹（包边条）。（参见P98）

翻布器

将翻布器穿入缝合成的环状布中间，用尖钩钩住布边后轻轻一拉，环状布便简单地翻至正面朝外了。外侧可缠绕毛线，制成柔软的翻布器。（参见P128）

布边防脱剂

裁剪布时或开扣眼时，使用布边防脱剂可防止布脱线。无黏性，喷涂后能很快干燥，即使水洗过，也不会削弱其效果，使用起来非常方便。

穿针引线器

针与线配套使用，只需轻轻按下按钮便可简单完成穿针引线。

针与线配套使用，用手轻轻地按着线。

抬起穿过线的针，将线头拉过针鼻，便可以使用了。

热黏合线

线状的热黏合剂。在缝合口袋、贴布、拉链等易脱落布时，中间塞入热黏合线，用熨斗熨烫，可临时固定。

穿绳器

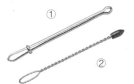

通常有两种类型的穿绳器，一种使用时塞入松紧带、绳带（①），另一种使用时需将绳带塞入环孔内（②）。

① 塞入式 只需塞入松紧带即可，操作非常简单。通常用于穿圆形松紧带、粗绳带等。

塞入宽约1cm的松紧带。

向下移动束环直至松紧带不能动为止。

从右侧插入穿松紧孔。

②穿过环孔式 松紧带的长度比所需量多1.5cm左右。牢牢穿入，避免中途脱落。通常用于穿扁平松紧带、装饰带。

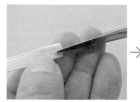

松紧带端口处向内折，中间剪个小孔。

松紧带穿入绳带器环孔。

小孔穿过穿绳带器玻璃珠部分，拉松紧带。

一直将松紧带拉至环孔部。

拆线器

拆线器用于拆去用剪刀难于操作的针脚、拆纽扣线、开纽扣眼等。为了不损伤布料，拆线器端口处安装了一个小圆珠。

拆针脚线
拆疏缝线时，只需使用拆线器拆止缝处1针。

将较长的尖部塞入线下方。

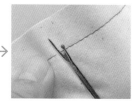

用凹口处的小刀面将线划开。

拆针脚
用拆线器挑起一针，将线划开。

将拆线器刀柄部分塞入针脚线下方，向上挑线。

开纽扣眼 拆线器比剪刀好用，开出来的扣眼更漂亮。

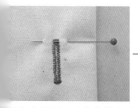

在纽扣眼开口止位处扎个珠针，防止开扣眼时剪过度。

塞入拆线器，将线划开。

一直划到珠针固定处。

扣眼开好后的样子。

4 缝纫机各部件的名称和功能

缝纫机上有很多按钮和操纵杆。使用前，请确认好各部件的名称和功能，掌握大体结构。

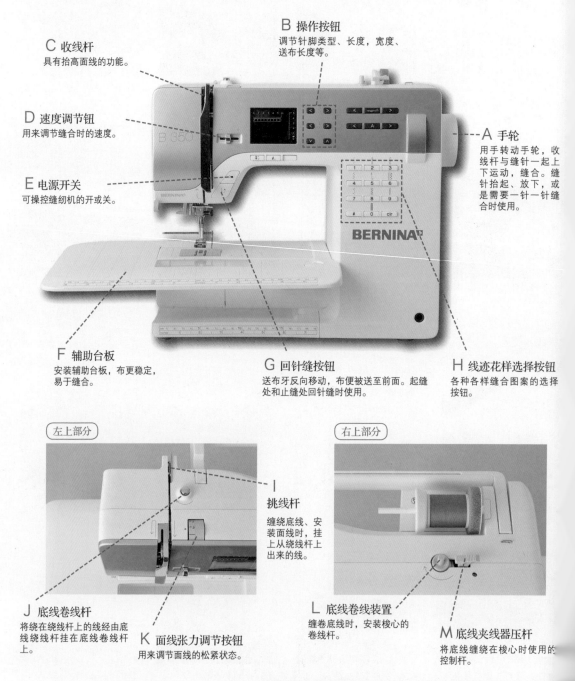

C 收线杆
具有抬高面线的功能。

B 操作按钮
调节针脚类型、长度，宽度、送布长度等。

D 速度调节钮
用来调节缝合时的速度。

A 手轮
用手转动手轮，收线杆与缝针一起上下运动，缝合。缝针抬起、放下，或是需要一针一针缝合时使用。

E 电源开关
可操控缝纫机的开或关。

F 辅助台板
安装辅助台板，布更稳定，易于缝合。

G 回针缝按钮
送布牙反向移动，布便被送至前面。起缝处和止缝处回针缝时使用。

H 线迹花样选择按钮
各种各样缝合图案的选择按钮。

左上部分

右上部分

I 挑线杆
缠绕底线、安装面线时，挂上从绕线杆上出来的线。

J 底线卷线杆
将绕在绕线杆上的线经由底线绕线杆挂在底线卷线杆上。

K 面线张力调节按钮
用来调节面线的松紧状态。

L 底线卷线装置
缠卷底线时，安装梭心的卷线杆。

M 底线夹线器压杆
将底线缠绕在梭心时使用的控制杆。

※ 本书中以家庭用电脑缝纫机为例进行介绍。不同类型的缝纫机各部件位置及名称会有所不同。因此使用前请阅读说明书进行确认。

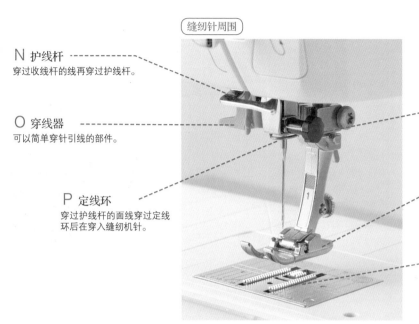

缝纫针周围

N 护线杆
穿过收线杆的线再穿过护线杆。

O 穿线器
可以简单穿针引线的部件。

P 定线环
穿过护线杆的面线穿过定线环后在穿入缝纫机针。

Q 定针螺丝
固定缝纫机针的螺钉。

R 压脚
用来压布的小金属件。有缝拉链时使用的压脚、缝纽扣眼时使用的压脚等各种类型，请结合缝合方法选用适合的压脚。

S 送布牙
缝纫时用来送布。缝纫机针刺向布时，送布牙向下；缝纫机针离开布时，送布牙向上，依靠这个原理移动布。

右上部分

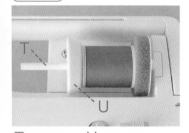

T 绕线杆 **U 线轴挡圈**
安装上线的杆称之为绕线杆。为不使安装好的线卷脱落，用线轴挡圈固定。

后侧

V 压脚提杆
抬起或放下低压脚时的操纵杆。

脚部

W 脚踏板
可以用脚踩踏脚踏板进行开、关、速度调节。脚后跟放置在比较低的部位。

过去的脚踏式缝纫机

您知道吗？过去的缝纫机是脚踏式的。使用脚踏式缝纫机时，操作者踩动脚踏板，通过曲柄带动皮带轮旋转，又通过皮带带动机头旋转。缝纫机主体与台板是一体的，通常被罩上罩子放在卧室的角落里。有了以电为动力源的缝纫机后，缝纫机的尺寸也越来越小，现已演变成一台缝纫机可缝制多种缝法。

▲过去，缝纫机常常被放置在卧室的角落里。
◀上下移动脚踏板，从而产生动力的脚踏式缝纫机。

5 缝纫前的准备工作

缝纫机依靠面线和底线两根线交缠着进行缝合的。不同机种的缝纫机面线的挂线方法及底线安装方法不同。请务必仔细阅读说明书，正确安装。

首先，保持正确的坐姿

将缝纫机放在桌子右侧，如图所示，放在桌子腿上部比较牢靠。左侧预留出足够的空间以便能铺开布料。此时，缝纫机要与桌子前端平行。身体中心对着缝纫机针的正面，保持正确的坐姿。脚放在脚踏板上，脚后跟放置在比较低的部位。

本书中以家庭用缝纫机（垂直釜类型）为例进行说明。括号内的英文字母代表P18、P19的缝纫机各部件。

缠绕底线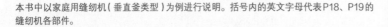

1 将线安装在绕线杆（T）上，塞入线轴挡圈（U），这样线就不会浮起来了。

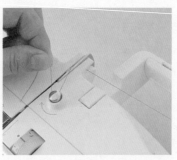

2 将线穿过位于后侧的挑线杆（I）、底线绕线杆。

3 将线端缠在梭心上4~5圈，保证线头不松开。

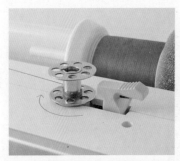

4 按照箭头的方向缠线，将梭心安装在底线卷线装置内（L）。

5 按照使用说明书，开始缠绕底线。

切线刀

6 如缝纫机带有切线刀，请用切线刀将线切断。

安装底线（垂直釜）

1 将底线塞入梭皮中。

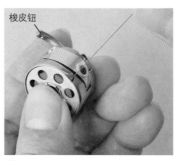

梭皮钮

2 将线自梭皮内拉出。

3 沿着梭皮牙口穿线，自T形孔内将线拉出。

4 拉线时，请确认梭心反方向转动，将线拉出10cm左右。

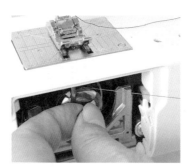

5 手握梭皮钮插入，直至听到咔嚓一声卡入到位。

切线刀

6 如有切线刀，用切线刀将多余的线切断。

安装缝纫机针

1 安装缝纫机针前，请先确保电源是关闭状态的。缝纫机针平坦面朝向后面。

2 松开定针螺钉（Q）向内插入针，直至停止。

针孔

3 旋紧定针螺钉，缓缓地转动手轮（A）确保缝纫机针可以落入针孔内。

安装面线，穿针引线

1 将缝纫线安装在绕线杆（T）上，向外拉线。

2 缝纫线穿过位于后侧的挑线杆（I）。

3 沿着缝纫机上的箭头方向穿线。

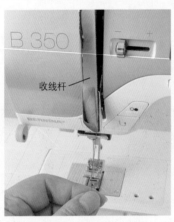

收线杆

4 沿着收线杆右侧向下放线。

5 沿着收线杆左侧向上抬线，将线穿入收线杆（C）。

6 放下线后，将线挂在护线杆（N）内。

7 最后将线挂在定线环（P）内。

8 按下穿线器（O）的操作杆，穿针引线。

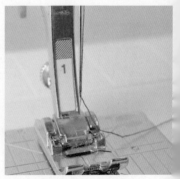

9 操作杆静止后，穿线。

拉底线

 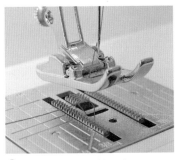 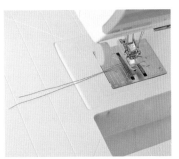

1 手持面线，缓缓转动手轮（A），将缝纫机针降下。

2 将底线钩至面线上方。

3 将面线、底线对齐，留出10cm左右，其余部分剪掉。

试缝

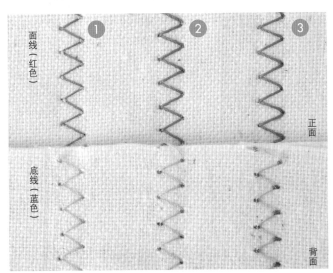

面线（红色）

正面

底线（蓝色）

背面

正式开始缝纫前先试缝，确认线的状态。线的状态指的是面线和底线松紧度的平衡情况。如面线、底线拉伸强度相同，则可说明线的状态非常好。如线的强度不同，缝出来的针脚不平整、不美观。

试缝后，将正式缝合的两块布叠合，缝合。用面线张力调节按钮调节线的状态，垂直釜缝纫机也可使用梭皮螺钉来调节底线。

缩缝（参见P130）、疏缝针迹（参见P139）时，为便于后续拆线，可以有意地设置底线与面线不平衡。

※ 为使大家更容易理解线的状态，图中曲折缝针迹的面线使用了红色线，底线使用了蓝色线。

❶ 面线较紧的针脚………从背面看，针脚看起来很漂亮，正面看的话，面线拉得太紧，都能看到底线（蓝色线）。此时，需要将面线的状态调松一点。

❷ 面线与底线状态平衡的针脚………两块布的中间，面线与底线交络在一起，无论是从正面看还是从背面看，针脚相同。

❸ 面线较松的针脚………从正面看，针脚看起来很漂亮，背面看的话，底线拉得太紧，都能看到面线（红色线）。此时需要将面线的状态调紧一点。

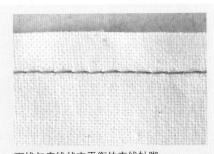

面线与底线状态平衡的直线针脚。

缝纫问答 1

Q 购买缝纫机或缝纫机发生故障时，去哪里比较好？

A 推荐去缝纫机专卖店。

缝纫机的销售渠道多种多样，有些渠道并没有专业的顾问。想详细了解缝纫机知识时，建议去附近的缝纫机专卖店。有时感觉缝纫机好像出故障了，自己无法判断时可以去购买缝纫机的商店或专卖店询问。因操作方法错误而导致的小意外还是比较多的。缝纫机是种精密机械，可以用来缝制大到衣服、小到包包等各种物件，所以一定要参考顾问的建议。亲自动手，享受缝纫的快乐吧。

缝纫机专卖店有很多不同类型的缝纫机，可以当场试缝。此外还有各种各样的缝纫培训班。

缝纫问答 2

Q 如何用熨斗劈开毛料布的缝份？

A 如果有圆筒形的棒棒就方便多了。

缝合毛料布时，如果熨斗不能很好地熨烫，缝制出来的效果不会美观，主要是因为熨斗的热量不能穿过布的厚度。熨斗劈开缝份后，趁着还有热量时，用圆筒形的棒棒压住，让多余的热量和水分被吸入到布中，这样缝制出来的效果就非常漂亮了。

圆筒形棒棒的制作方法

  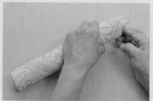

展开大手帕，一角处卷入周刊杂志等，向上折（如果手帕过大，可以事先剪掉一点）。

边缘处用胶水固定，两端预留出5~6cm，其余部分剪掉。

两端折向圆形周刊杂志内，制作完成。

第2章

准备布料

1 关于布料

请事先了解表布、里布、经线、纬线等关于布料的基本名称和处理方法。为使缝制出来的形状漂亮，裁剪前请确认布料的状态，将布边裁剪整齐。

布料用语 先来了解一下关于布料的用语，这样裁剪布料时就不会失败了。

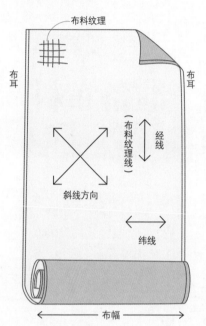

经线

织物纵向方向的线称之为经线。此外，制图、纸样中画的箭头称为布料纹理线，这里指的是"布的经线方向与纵向箭头方向一致"。经线具有难伸展的性质，对准经线裁剪布料，做出来的衣服不易变形。

纬线

织物横向方向的线称之为纬线。与经线相比，纬线具有易伸展的性质。

斜线

斜线指的是斜裁的方向，与经线呈45°角的斜线称为正斜线。正斜线是布料最易拉伸的方向，制作斜纹带、裙子等洋装时，多沿着正斜线裁剪。

布耳

布两端坚实处称为布耳。商品名为印花布，有时颜色也会发生变化。与布耳平行的方向称为经线。因其不易脱线，如不缩水，可用作缝份边。

布幅

布耳到布耳之间的宽度。布料的横向宽度相当于布幅。

布料纹理线

布料经线与纬线交织形成的布纹。布料纹理线处理平整的话，缝制出来的衣服不会变形。所以请正确处理布料纹理线。

布幅 即使是同一个纸样，布幅不同，制作衣服时布的尺寸也略有不同。一般常见的布幅为110~120cm，有几种不同种类的布幅，所以购买时务必要确认清楚。

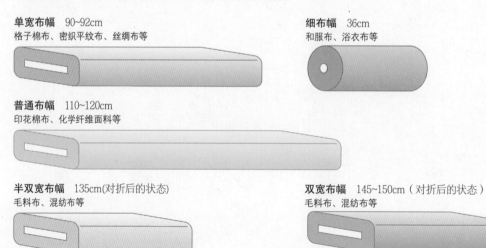

单宽布幅 90~92cm
格子棉布、密织平纹布、丝绸布等

细布幅 36cm
和服布、浴衣布等

普通布幅 110~120cm
印花棉布、化学纤维面料等

半双宽布幅 135cm(对折后的状态)
毛料布、混纺布等

双宽布幅 145~150cm（对折后的状态）
毛料布、混纺布等

布料最正确的状态是经线与纬线呈直角交叉。布料在生产过程中布料纹理线易发生歪扭，如果不调整好就这样裁剪布料，制作出的服装易变形。因此裁剪前要确认布料的状态，歪扭时将其修整为直角交叉形式，这就叫作修整布料。

修整布料

布料纹理线修整方法

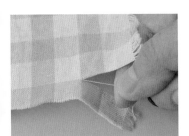

1 布边剪个牙口，抽出一根纬线。

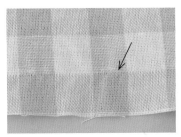

2 抽过线的纬线痕迹。

3 沿着抽出线的痕迹，裁剪布料。

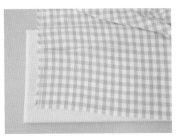

4 以熨烫板、桌子角等为比较基准，将布料纹理线调整成直角。图中左侧歪扭，右下方的线下垂。

5 为了纠正步骤4的状态，首先用喷壶将布喷湿润。

6 如图所示，两只手持布，斜向拉伸。

7 当纬线与经线呈直角时，放在熨烫台上，用熨斗熨烫平整。

 建议

事先过水可防止缩水

为防止洗后变形，面料可事先过一遍水。如是棉麻布，可将其浸泡在水里一段时间，轻轻脱水，一边横向、纵向拉布，一边调整形状，使之变干。如计划在半干状态下调整布料纹理线，可用熨斗熨烫一下。如是毛料布，可从背面用喷壶喷水或是用蒸汽熨斗熨烫。

2 布料的种类

服装专卖店、手工艺品店陈列着数不清的布料。挑选布料时，不仅要看颜色、图案、薄厚，还要确认一下硬度、手感，最终选择适合作品的布料。

布料的性质

布料薄厚不同，使用的线、针也有所不同。一般来讲，普通质地的布料比较容易缝合，质地厚但轻柔的，质地薄但有硬度或有弹性的布料也比较容易缝合。此外，毛料布、有纹路的织物、印花布、大图案布等裁剪时需格外注意（参见P45）。

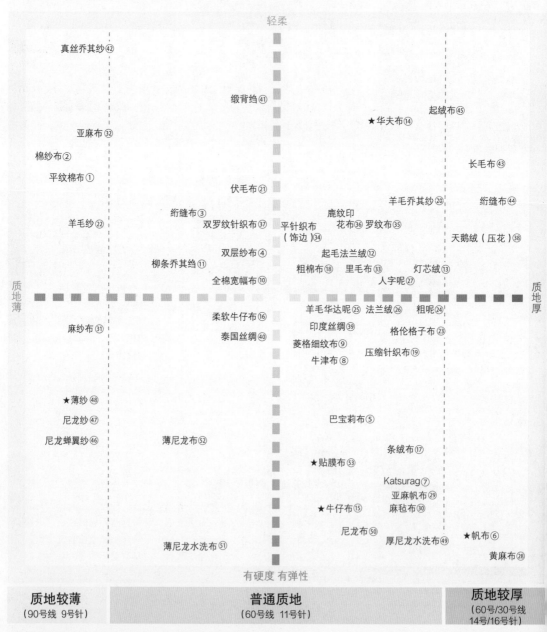

★标有星号的布料依据薄厚有多种规格，请结合线的粗细选择合适厚度的布料。

■棉布

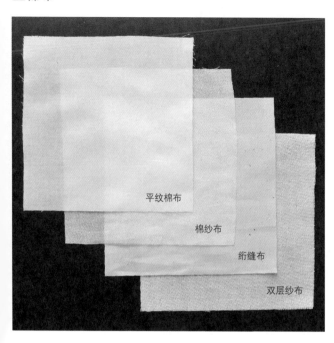

平纹棉布
棉纱布
绗缝布
双层纱布

较薄质地至普通质地

①平纹棉布

原本是用麻制作而成的平织布（经线与纬线相互交织而成的布料），因使用了棉线，手感同棉布。质地薄但有弹性，看起来很高档，适用于制作优雅的上衣、裙子和手帕。

②棉纱布

较粗的平织布，摸上去觉得有点僵硬。质地轻柔，接触皮肤感觉凉凉的。可用来制作夏天穿的上衣、连衣裙，也可用来缝制窗帘。

③绗缝布

质地轻柔，摸上去光滑细腻。因是平纹布，易于穿针，是普通拼布、夏威夷拼布中经常使用的，非常有代表性的布料。颜色也异常丰富。

④双层纱布

两层纱布叠加在一起而织成的布料。触感非常柔软，具有吸水性，常用来缝制小孩子的衣服及夏装。看上去非常自然，且越洗手感越柔软。

普通质地至较厚质地

⑤巴宝莉布

华达呢中的一种。经过特殊的防水工艺处理，是一种极具档次的布料。英国伦敦的巴宝莉公司注册的商标名。适合用来缝制外套、大衣。

⑥帆布（图中为帆布4号和帆布10号）

使用粗线密织而成的布，非常结实。触感僵硬。原本是用来制作船帆的。规格自11号到1号，号数越小质地越厚。常用来缝制大手提袋、桌布等。

⑦Katsurag

手感与牛仔布相似。牛仔布是事先染色而后织制的，Katsurag却多为织布后染色。常用来缝制裤子或包包。

巴宝莉布
帆布4号
帆布10号
Katsurag

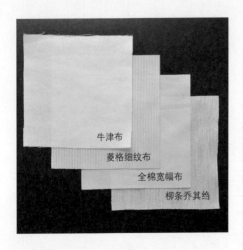

牛津布

菱格细纹布

全棉宽幅布

柳条乔其绉

富有表情的布料（一）

⑧牛津布

经线、纬线每两根齐织成的平织布。触感舒服，有光泽。透气性强，不易褶皱。常用来缝制衬衫。

⑨菱格细纹布

纵向有细长脊线的平织布。有弹力，且触感干燥。常用来缝制夏天穿的西服、外套等。

⑩全棉宽幅布

与纬线相比，更多地使用了经线，是一种表面有纤细的横向脊线的布料。触感柔软，有光泽，用来缝制衬衫，非常受欢迎。

⑪柳条乔其绉

经线用的是普通棉线，纬线使用的是强捻纱线，最大的特点是表面纵向有细小的褶皱。触感细腻光滑，适合夏天使用。

起毛法兰绒

灯芯绒

华夫布

富有表情的布料（二）

⑫起毛法兰绒

表面上有短毛的布料。与羊毛法兰绒相似，因此也称为"法兰绒"。常用来缝制休闲衬衫、婴儿服等。

⑬灯芯绒

纵向有脊线，有毛。有各种厚度的灯芯绒，保温性优异。别名"灯心绒"。常用来缝制秋冬穿的短裙、连衣裙、裤子等。

⑭华夫布

表面有凹凸点，也被称为蜂巢布。触感光滑细腻，易吸汗。常用来缝制寝具、夏天穿的连衣裙等。

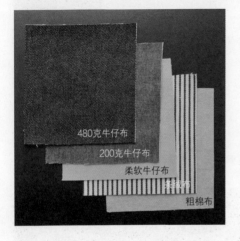

480克牛仔布

200克牛仔布

柔软牛仔布

粗棉布

牛仔布等布料

⑮牛仔布（图中为480克牛仔布与200克牛仔布）

经线使用染色线，纬线使用漂白线织成的斜织布。背面能看到很多的白色线，此为牛仔布的主要特点。牛仔布的克重指的是$1m^2$布的重量。数字越大表示布料越厚。常用来缝制蓝色牛仔裤、裙子、包包等。

⑯柔软牛仔布

捻线方法柔软，触感柔和。

⑰条绒布

条纹布。富有自然风味，非常结实。

⑱粗棉布

与牛仔布相反，经线使用漂白线，纬线使用染色线织成的平纹布。

■羊毛布

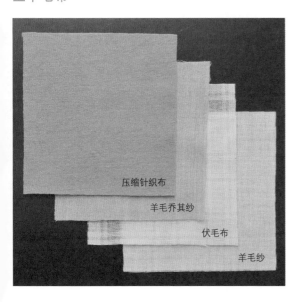

压缩针织布

羊毛乔其纱

伏毛布

羊毛纱

细线布料

⑲压缩针织布

织好的布料经过蒸汽压缩，不易松开。布料的密度有所提高，保温性能优异。适合用来缝制大衣、外套等。

⑳羊毛乔其纱

密度高、较柔软的平织布。其主要特点是具有下垂感（向下垂下布料时，很自然地呈现出小褶皱）。适合用来缝制连衣裙、短裙等。

㉑伏毛布

触感清凉，透气性好，结实，不易起褶皱，感觉舒适。常用来制作夏天穿的西服、短裙、外套、裤子等。

㉒羊毛纱

使用1股线织成的平纹布，轻且薄，触感舒服，不易起褶皱。适合用来缝制寝具、上衣、围巾等。

中线至粗线布料

㉓格伦格子布

由众多小格子聚集在一起组成的大格子图案布。发祥地为苏格兰格伦峡谷地区。用来缝制西服、大衣，看上去非常富有华丽感。

㉔粗呢

使用粗且短的羊毛织成的平纹布或绫纹布。在日本也有人将粗呢称为"土布"。外观朴素，手感舒适。适合用来缝制西服、短裙等。

㉕羊毛华达呢

厚度合理，质地考究。其主要特征是表面上的对角脊向上倾斜。颜色种类较多。常用来缝制短裙、连衣裙、外套等。

㉖法兰绒

较厚的平纹布或绫纹布、略微起毛的布料。触感柔软且富有弹力，保温性能好。多为纯色布，常用来缝制西服、大衣。

㉗人字呢

布料的纹理看上去很像人字形的骨头排成行，因此得名"人字呢"。在日本也被称之为"杉叶形绫纹布"。是绫纹布的一种，向上倾斜与向下倾斜的脊线相互排列。舌合用来缝制西服、外套等。

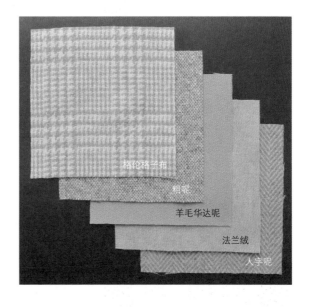

格伦格子布

粗呢

羊毛华达呢

法兰绒

人字呢

■麻布

黄麻布
亚麻帆布
麻毡布
棉纱布
亚麻布

㉘黄麻布

黄麻为主要原料制成的布料。质地较厚，手感独特，常用来缝制挂毯、垫子等室内装饰物和包包等小物件。

㉙亚麻帆布

透气性好，略显挺括，触感凉爽。常用来缝制短裙、包包、围裙等。

㉚麻毡布

使用竹节纱线织成的面料，触感粗糙。常用来缝制夏天穿的休闲夹克。

㉛麻纱布

质地薄，纹理较粗，手感轻柔。触感柔软，极富自然感。常用来缝制西服、上衣、窗帘等。

㉜亚麻布

越洗褶皱越自然的织布。

■针织布

里毛布
平针织布（饰边）
罗纹布
鹿纹印花布
双罗纹针织布

㉝里毛布

背面呈环状的布料。柔软，触感光滑。颜色种类及图案非常丰富。常用来缝制运动服、派克大衣、婴儿服等。

㉞平针织布（饰边）

平针织布是质地较薄的布料中非常具有代表性的一种，正面图案呈反八字。正面、背面非常易区分，横向可拉伸。常用来缝制T恤。

㉟罗纹布

上针与下针交互编织的罗纹组织布料。横向可拉伸。触感舒适，常用来缝制衬衫、毛衣的袖口。

㊱鹿纹印花布

看上去像是鹿宝宝背部的白色斑点。透气性好，结实。常用来缝制POLO衫。

㊲双罗纹针织布

正反两面看上去一样的针织布。多作为印花布销售。常用来缝制婴儿服、童装等。

■富有光泽的布料

天鹅绒（压花）
印度丝绸
泰国丝绸
缎背绉
真丝乔其纱

㊳天鹅绒（压花）

织布过程中，将尖部剪掉后对齐的短羽毛进行绒化加工处理，形成的图案布。

㊴印度丝绸　㊵泰国丝绸

灯光下呈现出复杂的颜色。与泰国丝绸相比，印度丝绸质地略厚，常用来缝制短裙、西服、连衣裙等。

㊶缎背绉

光泽鲜艳，触感光滑，用丝绸、化纤材料等织成的布料。

㊷真丝乔其纱

其主要特征是质地较薄且柔软，具有下垂感。

这些富有光泽的布料主要用来缝制礼服。

■保温性布料

长毛布

绗缝布

起绒布

㊸长毛布

外形似羊的皮毛，触感舒服的布料。常用来缝制大衣领子、袖口、毛绒玩具等。

㊹绗缝布

表布与里布间塞入棉等，再缝上针迹的布料。使用印花图案的绗缝布缝制的孩子用包包，非常受欢迎。

㊺起绒布

使用聚酯纤维等制作而成的轻柔，保温性好的布料。也可使用回收的塑料瓶作为材料。这种布常用来缝制运动服等。

■尼龙布料

厚尼龙水洗布

尼龙布

薄尼龙水洗布

薄尼龙布

㊾厚尼龙水洗布

水洗加工指的是通过水洗、热处理，在布料上打褶皱。水洗加工后的布料柔软。常用来缝制环保袋、雨衣等。

㊿尼龙布

非常结实的布料。有时用于制作服装，不过多用于制作包包。不耐热，熨斗熨烫时请调至低或中温。

51薄尼龙水洗布

与厚尼龙水洗布相比，质地薄。用于缝制环保袋。

■透明布料

尼龙蝉翼纱

尼龙纱

薄纱

46尼龙蝉翼纱　47尼龙纱

两者都是尼龙布料，质地薄、轻，透明。常用来制作礼服、衬裙等。

48薄纱

六角形网格结构的布料。制作礼服内里及衬裙时看上去非常华丽。因使用的线粗细不同，有很多种规格，请结合使用目的选用合适的薄纱。

■贴膜布料

53贴膜布

布料的正面贴上一层薄薄的薄膜。可防水、防污。布边不易脱线，可不做特殊处理。常用于缝制防雨用包包、泳装用包包等。

52薄尼龙布

尼龙布中较薄的一种。常用来缝制包包、户外服装。

3 关于黏合衬

使用黏合衬制作而成的作品看上去更加美观。可防止布料因拉伸、洗涤而造成的变形等。掌握黏合衬的使用方法，使用黏合衬制作作品吧。

黏合衬的种类

使用熨斗将黏合衬带有胶的一面（或两面）贴在布料上。想加强布料的强度时或是想让布料轮廓看上去美观时可使用黏合衬。黏合衬有很多不同的种类，请结合使用目的，选择适合表布的黏合衬。

编织型
主要有棉、麻、化学纤维等质地，因是平织布，与表布易搭配，可防止拉伸。黏合衬也有纹理，请与表布的纹理同向粘贴。

针织型
因其质地为针织布，有一定的伸缩性，手感柔软，容易与表布搭配，沿着表布的纹理粘贴是基本要求。也可贴于编织布上。

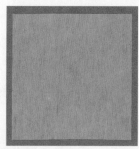

无纺布型
如纸一般，纤维相互交织制作而成的黏合衬。无横向、纵向之分，使用时不用注意纹理线。

帽子、包包用型
质地坚挺。想保持帽子的形状或是想稳定包包底部时使用。

单胶铺棉型
蓬松，有一定的厚度。作为拼布的铺棉，制作包包时，为保持其张力而使用。

> **要点**
>
> ### 请先试贴
>
> 黏合衬的种类不同、表布不同等时会收缩，有时不能很好地黏合。正式黏合前，请先在剩布上试贴！

纸胶带
黏合衬的一种，形如胶带。贴于领窝、袖窿、口袋袋口、拉链缝合处缝份背面，以加强布料的强度，防止拉伸变形。

热黏合双面胶带
可用熨斗黏合的双面胶带。可替代疏缝，用于布与布之间临时固定。缝合拉链时（参见P113），热黏合双面胶带也是不可缺少的重要工具。

黏合衬的粘贴方法

熨斗的热量，可以将黏合衬的黏合剂熔化，继而粘贴在布料上。使用中档温度的蒸汽熨斗自中心处朝向外压按。粘贴时要不留空隙。布料质地较薄时，可以先将黏合衬贴在粗裁的布料上，再按照所需大小裁剪，这样成型后会美观。布料表面有凹凸感时，黏合后趁着热量还未散去时，可使用厚书本等压着，这样效果会比较好。

粘贴于领部时

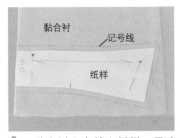

1 黏合衬上方铺上纸样，用珠针固定，缝份处（0.5cm）用画线笔画出记号线。

2 沿着记号线裁剪，后面中心缝份处剪个小三角形，并做好记号。

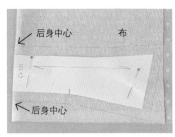

3 预留缝份（1cm），裁剪布料。同步骤2，在后身中心缝份处剪个小三角形。

4 将黏合衬粗糙一面叠合在表布的背面，沿着后身中心对齐。

> **要点**
>
> ### 布料中心点与黏合衬中心点对齐
>
> 领子等呈左右对称的纸样上粘贴黏合衬时，布料中心点与黏合衬中心点要分别做好记号。粘贴时，对齐记号点，这样不会错位。

5 贴上烹饪纸，使用中档温度的蒸汽熨斗每处压按5~10秒。自中心处挪向外侧，黏合。

> **要点**
>
> ### 粘贴硅树脂加工的烹饪纸
>
> 熨斗熨烫时，粘贴上硅树脂加工的烹饪纸，可防止熨斗底部受污染。且因烹饪纸是半透明状的，黏合衬是否错位很容易确认。

6 取下烹饪纸，冷却前不要移动布料。如仍有热量时移动，布料会被拉长。

7 黏合衬贴好后的样子。

纸胶带的粘贴方法

使用干熨斗的热量将纸胶带粘贴在布料上。不要强拉胶带，要一点一点粘贴。贴在缝纫针脚处，即使有点错位也没关系。

粘贴袖窿等弧度较小的弧线部分时

1 缝份处放置纸胶带。

2 用手轻轻地拿着纸胶带，沿着弧线用熨斗熨烫，贴合。

3 一直贴至肩膀位置。

粘贴领窝等弧度较大的弧线部分时

1 缝份处放置纸胶带。

2 弧度大的部分的纸胶带剪牙口。

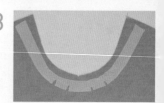

3 牙口尽量左右对称。

粘贴开叉空隙（牙口空隙）时（参见P136）

1 开叉端点处插入珠针，纸胶带一直呈直线贴至珠针处，呈圆弧状绕过珠针，将多余部分剪掉。

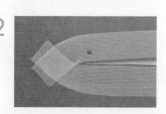

2 另一侧也采用同样的方法粘贴，两条纸胶带十字交叉。

3 贴边回针缝，缝好后的样子。交叉部分纸胶带叠加，加强强度。

粘贴拉链开口处直线时（参见P113）

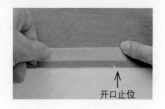

1 开口止位

2 将纸胶带贴于开口止位记号下1~2cm处，此为粘贴要点。

缝纫问答

3

Q 使用图案布时，如何选择缝纫线呢？

A 选择与布颜色协调的线。

将色样线放在布料上，选择适合的颜色。

基本原则是选择与布料同色系的缝纫线，例如一块印花布、格子布有多种颜色，在选择缝纫线时就比较容易困惑。此时可以直接去商店里，将色样线放在布料上，确认哪种颜色更适合。如实在无法确认哪种线更适合时，从几个候选项中选择自己最喜欢的颜色也是可以的。

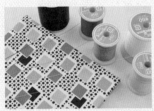

像这种看不出配色方案的布料，适合使用灰色的缝纫线。

布料的底色是蓝色，且用来缝制夏天用物件时，可选择色彩鲜艳的绿色线明线缝合。

选择深灰色或藏青色的线，不显眼，感觉很沉稳。

缝纫问答

4

Q 有装饰用缝纫线吗？

A 段染线、金银线等变色线可以作为装饰用缝纫线。

缝纫机刺绣或是缝制图案时，可使用一根线分层次染色的段染线、金银线等变色线。此时，缝纫机缝合时，面线设置得要略松些。

金银线

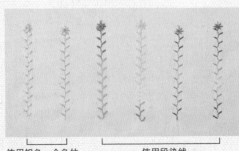

使用银色、金色的金银线　　使用段染线

段染线

4 准备纸样

实物大小纸样，有些缝纫书后面会附带，或是可以去西装专卖店购买。本书将介绍一下实物大小纸样复制的步骤以及使用纸样裁剪布料的方法。

各部分纸样的名称

纸样大小不同，有些部分形状相似。请事先了解一下纸样各部分的名称、制图记号表示的意思。也可以参照P6内容。

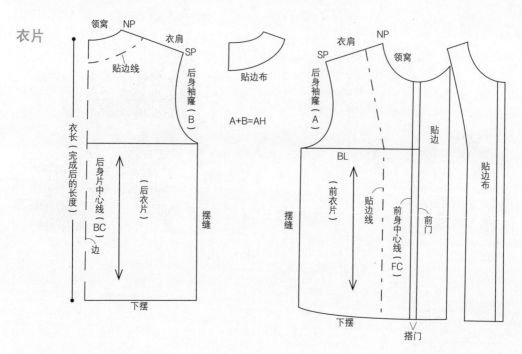

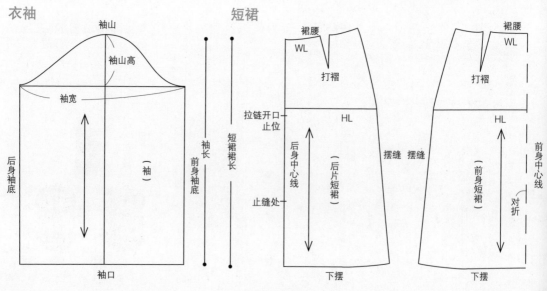

裤子

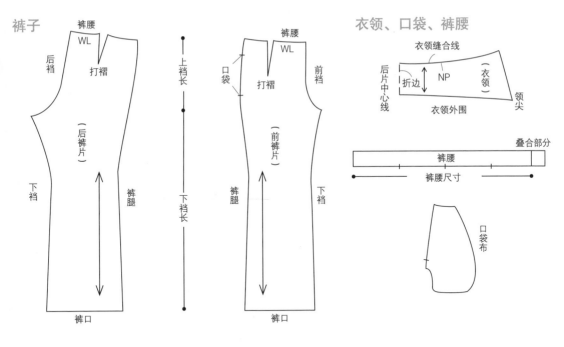

裤腰

WL

后裆

打褶

（后裤片）

下裆

裤腿

裤口

上裆长

下裆长

裤腰

WL

口袋

打褶

前裆

裤腿

下裆

裤口

（前裤片）

衣领、口袋、裤腰

衣领缝合线

后片中心线

折边

NP

衣领

领尖

衣领外围

叠合部分

裤腰

裤腰尺寸

口袋布

纸样中使用的用语·记号

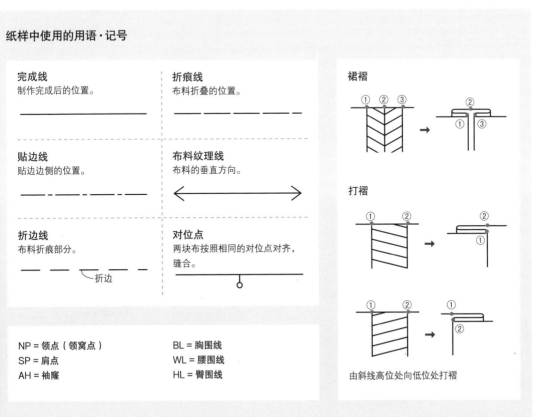

完成线
制作完成后的位置。

折痕线
布料折叠的位置。

裙褶
① ② ③　→　②　① ③

贴边线
贴边边侧的位置。

布料纹理线
布料的垂直方向。

打褶
① ②　→　②　①

折边线
布料折痕部分。

折边

对位点
两块布按照相同的对位点对齐，缝合。

① ②　→　①　②

NP＝领点（领窝点）
SP＝肩点
AH＝袖隆

BL＝胸围线
WL＝腰围线
HL＝臀围线

由斜线高位处向低位处打褶

可将实物大小纸样直接复制在牛皮纸等薄纸上使用。正确制作纸样是作品制作的第一步。这里，以童装连衣裙为例，制作纸样。

制作纸样

准备用具………牛皮纸、画线笔、尺子（方格尺）、铅笔（自动铅笔）、剪刀（剪纸用剪刀）

1 纸样上做好标记

一张纸上可以画几个部分的实物大小纸样，有时不同的尺寸会重叠。请用易于理解的颜色笔在必要的纸样部分处做好记号。可不用画出一整条线，只在角等重要地方做好记号就可以了。

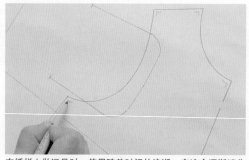

在纸样上做记号时，使用随着时间的流逝，字迹会逐渐消失的画线笔（参见P14）比较方便。

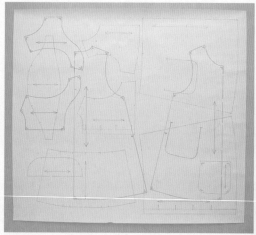

一张大纸上画有不同部分的线，必要部分的角、直线交叉处做上记号。

2 覆上牛皮纸，复制

牛皮纸粗糙面朝上，覆在纸样上，表面压上重物，防止脱落。从纸样较大部分着手是复制的要点。前身中心线、后身中心线等较长直线部分与纸边对齐，会使复制纸样工作进展得更顺利。必要时可借助直尺，用铅笔（或者是自动铅笔）沿着纸样轮廓画线。曲线处，用直尺短侧沿着弧线部分一点点移动，画细线。具有图案布局感的人可以使用。这个纸样不包含缝份。

复制直线部分时，一直沿着直尺画直线。

纸样较小时，也可以用纸胶带固定。

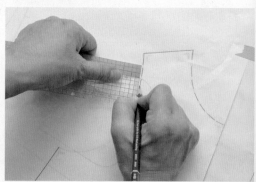

画曲线的小窍门是笔尖固定在线上，通过移动直尺来画线。

3 纸样中写上相关信息

纸样上的信息非常重要，所以一定要填写清楚。

记入对位点（两块布对齐，缝合的记号点）、布料纹理线、"边"、口袋位置、开口止位位置、折痕线、贴边线等信息。纸样空白处画一条长直线表示布料纹理线。此外，写上穿着人的姓名、制作日期，便于整理。

布料纹理线

穿着人姓名、制作日期

为使裁剪时布料纹理容易对齐，画一条长的布料纹理线。

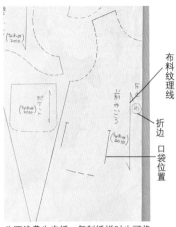

布料纹理线

折边

口袋位置

为不浪费牛皮纸，复制纸样时也可将信息复制下来。

4 裁剪纸样

复制完成后，裁剪纸样。裁剪较大部分时放上重物压盖一下，这样剪起来比较容易。纸样裁剪完成后，将拼缝部分叠合在一起，确认有无错误。此外，也需对记入的信息进行核对。

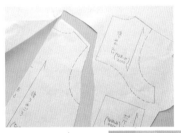

裁剪完大块部分（上），再裁剪小块部分（右）。

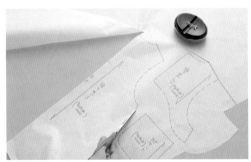

裁剪时，可以将磁铁针插作为重物压在纸样上。

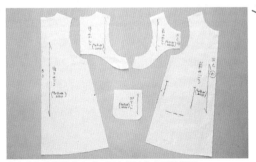

所有的部分都裁剪完成，写上相关信息后的样子。

建议

根据需要，在弧线部分做好对齐点。

为防止偏移，写入信息时可将两块纸样叠合在一起。

裁剪布料 纸样完成后终于可以裁剪了。按照纸样上写好的信息使用纸样，裁剪时为使布料与纸样不脱离，请留好缝份。

准备用具⋯⋯⋯珠针、方格尺、剪刀、画线笔、布用复写纸、滚轮刀、锥子

1 使用纸样

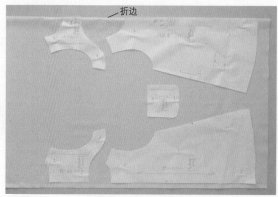

折边

前衣片与后衣片中间放置口袋，这样可以更有效地使用布料。

使用纸样时的注意事项

· 布料正面相对对折，从大块部分处着手。

· 纸样箭头方向与布料经线对齐，有"折边"字样的纸样放置在对折处。

· 纸样与纸样间留出必要的空隙，以便裁剪时预留缝份。

· 空白处可放口袋等小块纸样，这样可以有效地使用布料。

· 用珠针固定纸样，为不妨碍画缝份线，可于内部5~6cm处珠针固定。

2 画缝份

按照纸样中指定的尺寸宽度画缝份线。此处的纸样缝份尺寸为：边线与后衣片中心线1.5cm、下摆4cm、口袋袋口3cm、其余处1cm。

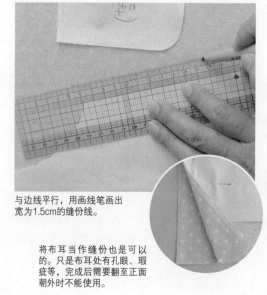

与边线平行，用画线笔画出宽为1.5cm的缝份线。

将布耳当作缝份也是可以的。只是布耳处有孔眼、瑕疵等，完成后需要翻至正面朝外时不能使用。

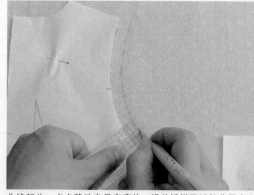

曲线部分一点点移动直尺宽度处，沿着纸样圆弧部分画宽为1cm的缝份线。

3 裁剪

沿着缝份线，使用剪刀裁剪布料。裁剪时不要将布料抬起，为使剪刀刀刃部分不浮动，裁剪时用另一只手扶着布料。裁剪时注意不要让叠合的布料发生偏离或错位。

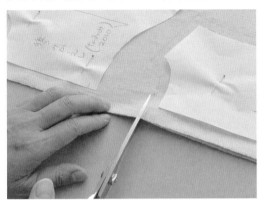

剪刀刀刃垂直插入，用另一只手压着布，沿着记号线裁剪。

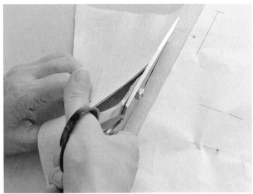

裁剪较长的直线时，剪刀刀刃不要闭合，一直剪下去。用另一只手扶着剪掉的布料。

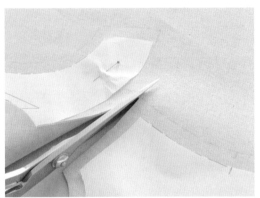

剪到布角处，可剪至超过记号线0.5cm处。

错误！

将布料抬起，裁剪途中闭合刀刃 这是错误的操作方法。

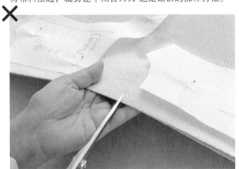

裁剪时将布料抬起，这样操作布料易偏离。

裁剪方向相同时，并列的几部分也一并剪掉。

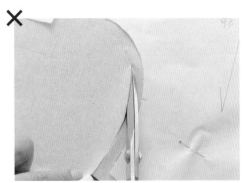

裁剪途中闭合刀刃，缝份线宽度会不一致。

4 做标记

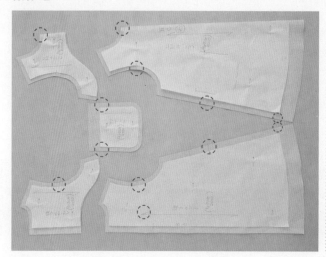

做标记的注意事项

在裁剪后的布料上剪小牙口，用锥子、滚轮刀等做标记。

· 缝份处剪入0.3~0.4cm的小口，作为标记，称之为"牙口"。所有的对位点和开口止位处剪牙口（①）、下摆线处也请先剪好牙口（②）。

· 前衣片和前贴边中心线的缝份处剪掉个小三角形，做好标记（③）。

· 衣褶、口袋位置处，使用滚轮刀、锥子等做好标记（④）。

左侧纸样中的红色表示牙口，蓝色表示小三角形标记处。

①

以对位点为基准，剪刀尖在缝份处剪个牙口。

②

下摆处事先剪好牙口，这样下摆卷边时会比较顺利。

③

前衣片与前贴边中线线剪小三角形。这样便于衣片与中心线对齐。

口袋位置的标记（有A、B两种方法）

④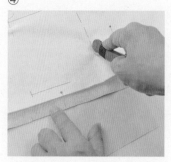

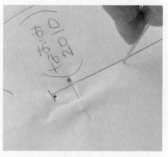

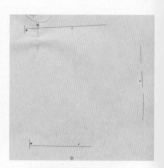

A 布料之间塞入布用复写纸，纸样上方用滚轮刀沿着口袋位置线滚动，做标记。

B 将布料放在熨烫板等平面处，用锥子沿着口袋位置内侧线做标记。

一共约有5处需要做标记。

缝纫问答 5

Q 有方向要求的图案纸样，在使用时有什么需要注意的吗？

A 插入纸样时，注意方向不要颠倒。

图案布、针织布等这些有方向要求的布料，裁剪时一定要同向放置。如①所示的放置方法，虽然不会浪费布料，但成品的后裙片图案方向颠倒了。要像②所示的那样，图案布沿着同一方向放置。

纸样上下方向不统一的放置方式称之为"插入式"，这种放置方法适用于平纹布、纯色布或是对方向无要求的图案布。

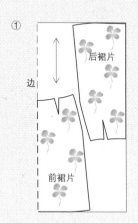

缝纫问答 6

Q 贴膜布怎样做标记呢？

A 使用纸胶带做标记。

贴膜布或合成革等质地的布料，不能使用画线笔做标记，推荐使用纸胶带。包包的手提带位置处，如图所示，贴上纸胶带，做好记号。此外，在缝合这类布料时，可使用硅胶。缝合部分喷上或涂上硅胶，即使是使用普通压脚缝合，也会非常顺畅。

质地较厚的牛仔布、帆布的重叠部分的针脚处涂上硅胶，可有效防止跳针、断线。

硅胶有喷雾式和涂抹式两种。

5 珠针固定法及疏缝法

为了使缝制好的成品呈现出漂亮的外观，必要时，正式缝纫前用珠针固定、疏缝是极其关键的一步。珠针固定、疏缝是缝纫的基本功，一定要掌握其方法。

珠针固定法

为了防止在接缝过程中布发生偏离，需要使用珠针固定。固定的基本方法是将两块布沿着缝纫线对齐，垂直固定。

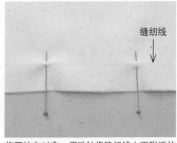

缝纫线

将两块布对齐，用珠针将缝纫线上下附近的布挑起，固定。

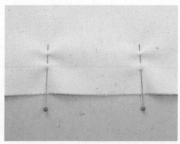

如布料质地薄、易滑动，用珠针将缝纫线上下附近的布挑起后可以再挑一次。

建议

弯曲或折断的珠针非常危险！请将其收放到小罐子或塑料空盒里，放在小孩子够不到的地方。废针的处理请遵照地方法规。

错误！

以下的固定方法危险、布易滑落，请不要如此操作！

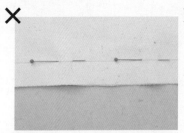

× 沿着缝纫线固定。会扎到手指，非常危险。

× 斜着固定。固定得不牢靠，布易滑落。

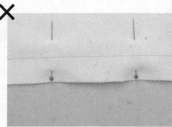

× 挑起的布面积过大，这种固定方法不仅固定得不牢靠，而且布易滑落。

疏缝线的处理方法

疏缝线是将一根长线束成一个线圈。用包装纸等卷起来，使用起来非常方便。

1 将束起来的线解开，散成一个圈。在线圈的一侧卷上包装纸。

2 卷好的包装纸上覆上线圈的另一侧，再次卷好。

3 轻轻地卷，卷好后用透明胶等固定好。

4 剪断线圈的一侧，使用时一根根抽出即可。

疏缝法

如下情况下可以使用疏缝：拼缝的两块布料形状有差异、只用珠针无法固定布料、布料较厚难以用珠针固定或暂时确认尺寸等。疏缝在缝纫线上，后续拆线耗费时间，所以最好疏缝在缝纫线以外靠近缝份处。此外，针脚密集一点的话会固定得比较牢靠。要想固定得更加严丝合缝，可再采用更细小的针脚回针缝合方式缝合。

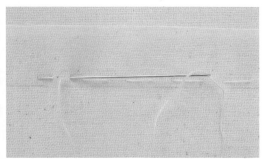

沿着接近缝纫线（紫色线）的缝份侧缝合。想要固定得更加严丝合缝，可再次使用回针缝缝制。

针脚密集的固定效果。

错误！

注意针脚的位置和大小！

✕

针脚如横跨缝纫线，后续拆线时会很不容易。

✕

针脚间距过大，则固定效果不好。

平放疏缝法

裤子、大衣下摆等需要疏缝的路线较长时，可以将布平放疏缝。桌面上铺好英国肯特图画纸（Kent Paper）等，用长针脚疏缝。

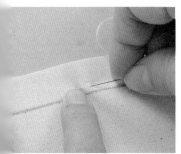

贴着左手食指指甲挑缝。

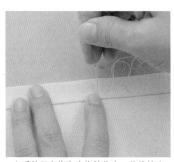

左手的无名指和中指按住布，将线拉出。

沿着接近缝纫线（紫色线）的缝份侧缝合。

打结方法

为不使缝线与布脱离，需要在缝线线头处打结。了解打结方法非常有必要。

①
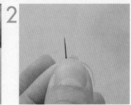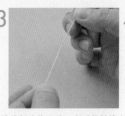

线头抵在食指处，用针压紧，线在针上缠绕2~3圈。用拇指压着缠绕部分往下移，右手将针拔出。

②

线在食指上缠绕2~3圈，用拇指和食指捻缠绕部分，拉线，一个大的线结就打好了。

③
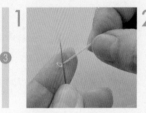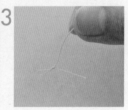

线头处3cm左右对折，按照①的要领操作，一个大的带环圈的线结就打好了。适用于缝合粗织布、毛织物等时的打结。

\①~③完成后的线结！/
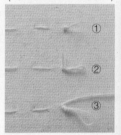

顶针的使用方法

最初使用顶针缝合时，会进展得不是很顺利。但渐渐地使用习惯后，缝纽扣、暗针缝时使用顶针的话，会非常轻松。左撇子的人将顶针戴在左手上，自左向右缝合。

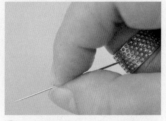

1 顶针戴在运针手中指的第一关节与第二关节之间。

2 用拇指和食指握针，针鼻处抵着顶针。

3 用顶针抵着针缝合。

第3章

机缝的10个基本事项

1 缝直线

练习机缝，首先从缝直线开始。起缝处和止缝处缝合时叠缝3~4针。为防止脱线，可使用回针缝方式缝合。

※本书中为了方便理解，使用了红色的机缝线。

1 沿着缝纫线对齐，珠针垂直固定。

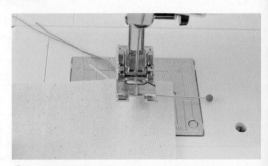

2 面线与底线拉齐，自压脚下方绕到后面，塞入布料上。

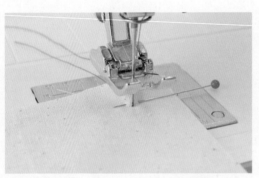

3 转动手轮，距布端1cm左右处放下缝纫针。

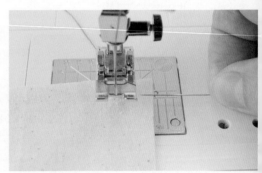

4 撤掉珠针。

5 放下压脚。

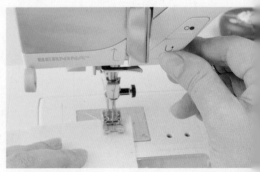

6 按下回针缝按钮，以回针缝方式缝合3~4针。

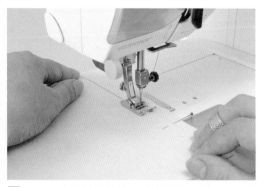

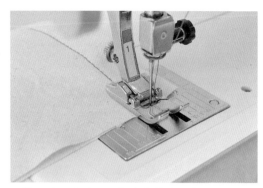

7　两只手分别轻轻地压着布料的两侧，不要松懈，一直直线缝合。

8　缝至布端，同起缝点的缝合方式，回针缝3~4针。

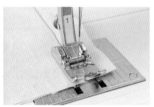

9　抬高缝纫针（上图），向上提压脚提杆（下图）。

10　将布顺时针转动90°，拖出的线约长10cm。

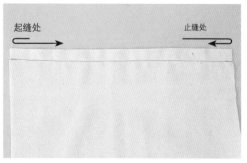

起缝处　　　　　　　　　　　　　止缝处

11　布边处剪断面线（上图）和底线（下图）。

12　缝合完成。如箭头所示，起缝处与止缝处采用回针缝方式缝合，防止脱线。

缝好的小窍门

缝合质地较薄的布料时

缝制缎纹布、衬里等易滑的布料时，先疏缝、铺上牛皮纸后再缝合，缝制出的成品会非常美观。

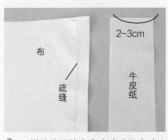

1 拼缝的两块布事先疏缝固定（左图）。准备好牛皮纸或是信纸等（右图）。将纸裁剪成宽2~3cm左右细长形。

2 布料下方铺好纸，右手按着布与纸缝合（纸不用疏缝固定）。

3 缝合完成。针脚不歪扭，缝合得很直。

4 沿着针脚处揭下纸。

5 图左侧是铺纸缝合的针脚。图右侧是未铺纸缝合的针脚，缝线歪扭，布料有小褶皱。

6 劈开缝份后从正面看到的样子。铺纸缝合的布料（左）无褶皱，非常美观。

缝合伸缩性布料时

缝合毛料布等具有伸缩性布料与普通质地的布料时，如普通质地的布料位于上方，则用锥子一边送布一边缝合。如普通质地的布料位于下方，在压脚下铺上薄纸，缝合起来比较方便。无论采用何种方法在正式缝合前请先试缝。

压脚下铺上薄纸，与布一起缝合。

这样缝合时，上层布聚集在一起，拼缝处易发生错位。

从左至右，（叠加时，伸缩性布料置于上方）①铺纸缝合；②用锥子送布缝合（参见P13）；③普通缝合。①缝合完成后的样子最美观。

对齐宽度，直缝

裁剪前先确认好缝份的宽度，如此一来，缝合时可以省掉给缝纫线做记号的时间，也可以使缝合出来的作品外表美观。此时有些辅助工具的话会更加方便。

使用磁性定规尺

使用时，用磁石将其固定在针板上。定规尺抵着布边缝合，缝出来的宽度相同。

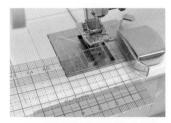 →

用直尺测量自缝纫机针至缝份宽的距离，磁性定规尺与压脚平行，放置在针板上。

沿着磁性定规缝合布边。

使用压脚定规

放置在缝纫机针棒后侧，与缝份宽度对齐，固定。其有时作为缝纫机配件随缝纫机一同销售。购买时，确认缝纫机机种，选择适合的压脚定规。

 →

将压脚定规横杆部分塞入到针棒后方，与缝份宽同宽，固定。

沿着压脚定规缝合布边。

贴厚纸板

可以用厚纸板手工制作辅助工具。将厚纸板（旧明信片等）裁剪成1.5cm×3cm大小，向内折1cm。用直尺量出针距缝份的宽度，厚纸板与压脚平行，用纸胶带粘贴固定。

 →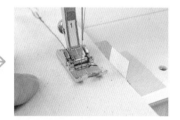

用尺子量出自缝纫机针至缝份的长度，用纸胶带固定厚纸板。

沿着厚纸板缝合布边。

利用压脚宽

机缝时，压脚右端与布边对齐。缝纫机不同，压脚宽度会有所不同，宽约为0.7cm。明线缝合时使用。

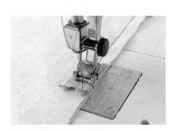

用压脚代替尺子，缝合。

2 处理毛边及缝份

大部分的布料裁剪后如不加处理，会脱边，所以需要曲折缝或是布料底边向内折，处理毛边。处理毛边的方法有以下几种。

处理毛边

① 曲折缝

曲折缝可以防止毛边脱边。在一块质地较薄的布料上曲折缝时，曲折缝针脚长度会缩小。因此，面线要松缓，曲折缝时缝在布料的内侧，缝合结束后剪掉多余的布料。

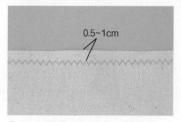

1 自布端0.5~1cm处曲折缝。

2 剪掉多余布料时，在布料上方压放个重物（如将布放置在熨烫台上，用珠针固定也可）。

3 缝合完成。

② 剪切边缩缝

使用剪切边专用压脚，在布边上直接缝合的方法。因使用了专用的压脚，即使是一块薄布，也不用担心布边会卷起，缝合出来的宽度（参见P9）非常整齐。使用这个压脚，也可以曲折缝。

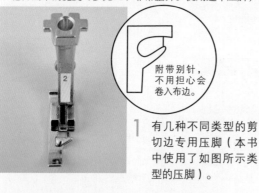

附带别针，不用担心会卷入布边。

1 有几种不同类型的剪切边专用压脚（本书中使用了如图所示类型的压脚）。

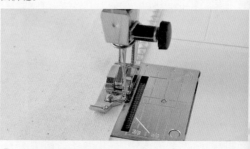

2 缝纫针左右移动，缝合至右侧时，缝纫针刚好落在布边处。

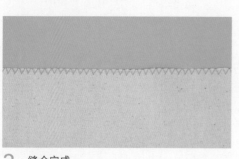

3 缝合完成。

也可以缝成这样的针迹！

曲折缝+直线缝的针迹。麻布等易脱边的布料剪切边缩缝等时使用的缝合方法（不同的缝纫机，缝合出来的针迹略有不同，请确认好）。

③ 锁边缝纫机

使用锁边缝纫机（参见P11）缩缝毛边。锁边缝纫机可使用2~4股线，线的股数越多，锁缝针脚越结实。针脚易伸缩，可用于针织布或是弹性布料。通常也使用锁边缝纫机处理缝制品的缝份。

锁边缝纫线

锁边专用线。除普通质地的线以外，还有适合质地轻薄布料使用的线、适合针织布使用的线以及装饰缝纫用线等多种类型。

劈开缝份

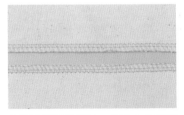

缝份劈开后的样子。两块布的两端毛边都经过了处理。

缝份倒向一侧

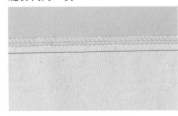

向一侧倒缝份时，将两块布的缝份一起塞入到锁边缝纫机中缝合。

锁缝线的处理方法

锁边缝纫机因不能做回针缝，布边如裁剪整齐的话，缝线易脱落。因此，起缝处和止缝处均需预留出7~8cm卡拉环。此后此处还需缝合其他针脚时（衣袖、衣领、明线缝合等），可直接剪掉卡拉环，如不再缝合其他针脚时，按照下述方法处理锁缝线。

需缝合其他针脚时

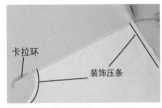

卡拉环剪掉后，缝合装饰压条时，不需要经过特殊处理，即使缝合前裁剪，缝线也不会脱落。

于里侧缝份处打结成筒状

1　缝合完成后，将卡拉环在布料边侧打上线结。

2　拉伸打结后的线。

3　预留0.5cm，其余部分剪掉。

缝份位于显而易见的位置

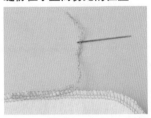

1　将卡拉环穿过刺绣针（或者是毛线针）。

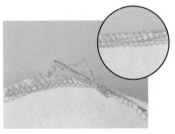

2　将线塞入到背面针脚内，挤压，以保证缝线不会露出，剪掉多余部分。

角部

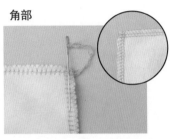

同样将卡拉环穿过刺绣针，将线塞入到背面针脚内，挤压，剪掉多余的线。

④ 边缘处盖线

缝份向内折0.5cm左右，在折叠线处机缝的方法称为边缘处盖线。

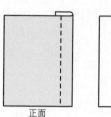
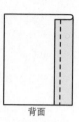

正面　　　背面

1 缝份向内折0.5cm左右，折痕处用熨斗熨烫平整。

2 自布料的正面处边缘处盖线。缝合时使用压脚等工具，这样可以使缝制出来的宽度相同。

两块布拼接时缝份的处理方法　衣片摆缝、肩，裤子摆缝等。

① 劈开缝份

将缝合的缝份劈开，用熨斗熨烫平整，称为"劈开缝份"。拼缝前要先处理毛边。

1 毛边针脚处（此图为曲折缝）用熨斗熨烫平整。

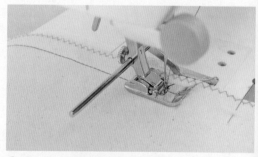

2 布料正面相对，对齐，缝合。

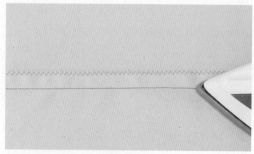

3 针迹处用熨斗轻轻熨烫。

4 一边用食指打开针脚，一边用熨斗劈开缝份。

边缘处盖线法劈开缝份

1 边缘处盖线后，布料正面相对，对齐，缝合。

2 拼缝后的样子（红色线）。

3 劈开缝份。

漂亮地劈开缝份的小窍门

4cm左右

如图所示，在厚纸上剪上Y形牙口。

缝份与布料之间塞入厚纸，用熨斗熨烫平整。

布料质地薄时

正面所见的样子。缝份不会裂缝，平坦，非常漂亮。

像背绔布等质地较薄的布料劈开缝份时，使用厚纸，劈出来的缝份从正面看不会裂缝，平滑。

不使用厚纸劈的缝份正面看快要裂开了（如同要绽开一样）。

质地较厚的弹性布料缝份的处理方法

压缩针织布等质地较厚的弹性（可伸缩）布料劈缝后明线缝合，缝份稳定，不会东倒西歪。缝制没有里子的夹克衫等时常常使用此种方法处理。

1 布料正面相对，对齐，缝合，劈开缝份。

2 压脚定规端与针脚处对齐，从布料正面明线缝合，压住缝份。

正面　　背面

3 缝合完成。

② 缝份倒向一侧（单向倒缝份）

布料缝合后，用熨斗沿针脚压缝份，使缝份倒向一侧的一种毛边处理方法。多数时，明线缝合，压住缝份。

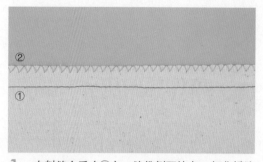

1 布料缝合后（①）、缝份侧两块布一起曲折缝（或者锁缝）（②）。

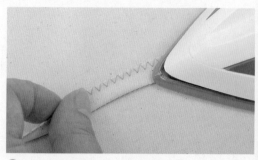

2 将缝份倒向一侧，用熨斗压住。

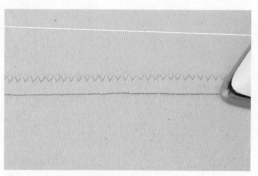

3 将布铺开，用熨斗压住缝份。

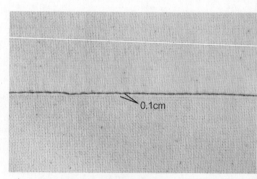

4 从布料正面，距离针脚边侧0.1cm左右处用明线缝合，以便能压住缝份。

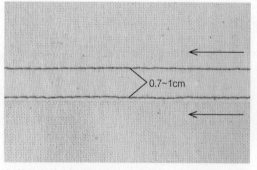

与前一条缝合的明线平行，于0.7~1cm处再次缝合一条明线。第二条明线与第一条明线同方向。

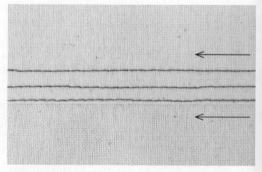

为使成品更加结实，可在两条明线间再缝合一条明线。

③ 包裹后曲折缝

包裹布边，通过曲折缝来压住缝份的一种处理方法。适用于帆布、牛仔布等质地较厚的或没有里子的裤子。

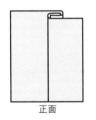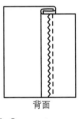

正面　　　背面

缝份宽1.5~2cm

1　布料正面相对，对齐，于完成线处缝合，将上侧布料的缝份一半剪掉。

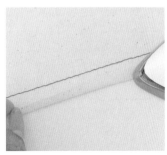

2　将下侧布的缝份向内折，以便能包裹住剪切后的缝份，用熨斗熨烫平整。

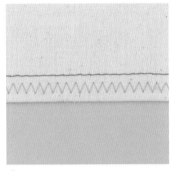

3　布边曲折缝，以便可以将包裹的缝份压住。

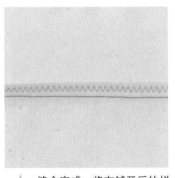

4　缝合完成。将布铺开后的样子（背面）。

缝合完成（正面）。

不便熨烫的布料缝份的处理方法

厚尼龙布、塑料材料、起绒布、针织布等不宜使用熨斗熨烫，劈开缝份后可曲折缝处理缝份。

1　一边劈开缝份一边自布料正面于针脚处曲折缝。为使缝线看起来不明显，曲折缝的宽度可设置小点。如将缝线作为设计点，可将曲折缝的宽度设置大点。

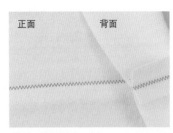

正面　　　　背面

2　缝合完成。

④ 外包缝

缝法简单，完成后效果美观的一种处理方法。童装、质地薄的衬衫、上衣摆缝等需要缝合得结实时使用此种方法。

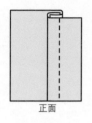
正面

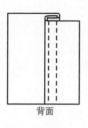
背面

1 布料正面相对，对齐，于完成线处缝合，将上片布料的缝份一半剪掉。

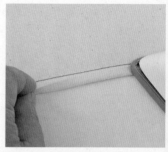

2 将下片布的缝份向内折，以便能包裹住剪切后的缝份，用熨斗熨烫平整。

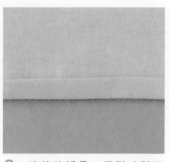

3 缝线处折叠，用熨斗熨烫平整。

4 将布展开，缝份倒向一侧。

5 从正面明线缝合倒向一侧的缝份。

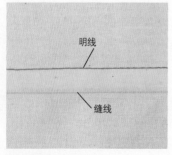

明线

缝线

缝合完成（正面）。

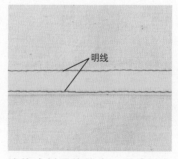

明线

缝线边侧明线缝合，形成双条明线。

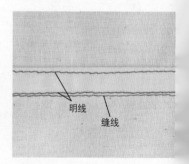

明线

缝线

双条明线。

⑤ 来去缝

将毛边包裹成袋状的一种处理方法，适合质地较薄的布料以及易磨损的布料。完成后的缝份宽度越小越美观，下面以完成后缝份宽0.8cm为例进行说明。

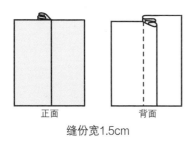

正面　　　　　背面

缝份宽1.5cm

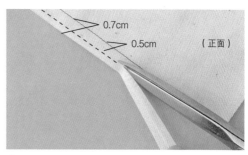

0.7cm
0.5cm
（正面）

1　布料背面相对，对齐，自毛边处0.7cm处缝合；留出0.5cm的缝份，其余部分剪掉。

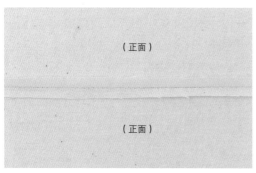

（正面）

（正面）

2　将布铺开，用熨斗劈开缝份（正面）。

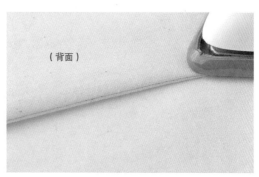

（背面）

3　正面相对，折叠，熨斗沿着针脚压按。

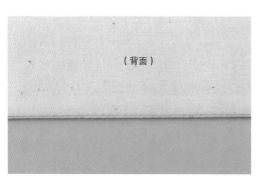

（背面）

4　针迹压牢后的样子（背面）。

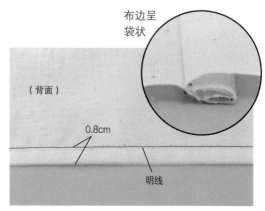

布边呈
袋状

（背面）

0.8cm

明线

5　自折痕0.8cm处明线缝合。

一块布缝份的处理方法 适用于短裙、衬衫、裤子的裤口、袖口等。

① 双折边

将缝份内折并缝合，是一种最简单的处理缝份的缝法。缝制单衣或是带里子的衣裤等经常使用。首先要事先处理好毛边。

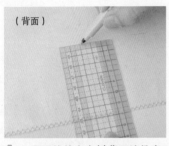

1 用画线笔在布料背面缝份宽2倍处做上记号。

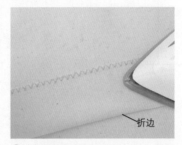

2 布料毛边向内折，与记号线对齐，用熨斗熨烫折边及缝份部分。

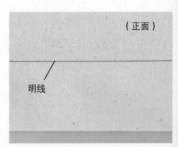

3 从布料正面明线缝合。明线至布边的宽度保持一致。

起绒布、针织布等质地的布料

起绒布、针织布等具有伸缩性的布料，使用厚纸或曲折缝处理起来较容易。

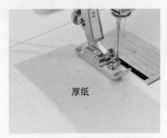

1 起绒布等质地的布料曲折缝时，将厚纸塞入到压脚下方左侧处，可以较为顺畅地缝合。

2 为使毛边不伸缩，在曲折缝时针脚要对齐。

3 缝份背面曲折缝针脚处用熨斗黏合贴上热黏合双面胶带。

4 将熨斗放置在剥离纸上方，一直熨烫至胶带终点处。

5 折叠布边，熨斗熨烫平整。撕下剥离纸，再次用熨斗熨烫黏合。

6 正面于毛边处明线缝合。也可以使用曲折缝的方法缝合。

② 三折边

将缝份两度折叠，再机缝的处理方法。适用于西装的下摆、袖口以及抽绳袋绳带口的处理。有常规三折边与完全三折边两种类型。缝制方法相同，但缝份宽却有所不同，这点需要注意。

常规三折边（适用于普通布料）

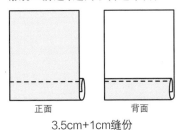

正面　　　　背面

3.5cm+1cm缝份

1　自布边2cm处用画线笔画上记号，双折边，用熨斗熨烫平整。

2　自步骤1折痕7cm处用画线笔画上记号。

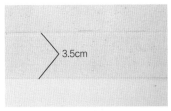

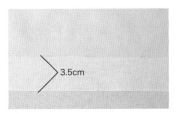

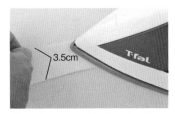

3　毛边与记号线对齐，折叠。熨斗熨烫平整。宽3.5cm的三折边缝份便制作完成了。

4　翻至正面朝外，自布边3.3cm处，明线缝合（缝合时如使用压脚定规效果更好）。

5　缝合完成。

完全三折边（适用于质地薄、透明的布料直线或柔和的弧线处理）

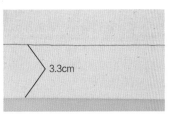

正面　　　　背面

3.5cm+3.5cm缝份

1　自毛边7cm处用画线笔画上记号，双折边，用熨斗熨烫平整。

2　将步骤1的宽度再次对折，用熨斗熨烫平整。

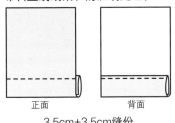

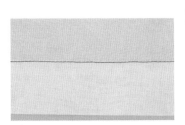

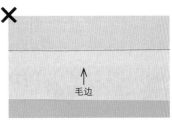

3　宽3.5cm三折边处。

4　正面明线缝合。缝合完成。

✕

毛边

质地较薄的布料三折边时。未采取完全三折边方法处理，透过布料，毛边清晰可见。

3 缝合弧线部分

缝合弧线时，可根据自己的实际需要调整缝合速度。遇到弧线较急时，缝合时可以在下针时，抬起压脚，一点点旋转着布料缝合。

外弧线（凸曲线） 适用于领尖等圆形的平领等。

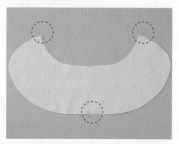

1 两块领子布正面相对，对齐，领子中心、领子外围起缝处、止缝处用珠针固定。

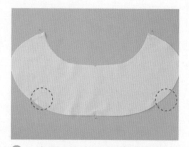

2 步骤1的中间位置也用珠针固定。

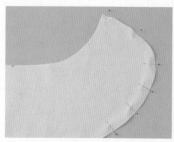

3 弧线部分用多根珠针固定。

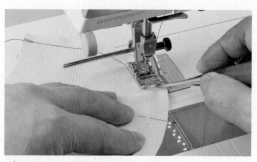

4 将领子正面放在上方，放慢速度，一边用锥子向内送布一边缝合。

要点

不要盲目地旋转布

缝合弧线时，不放慢速度，盲目地旋转布料，会导致领边变形。缝合过程中，布料发生偏离，暂时停止，再次慢慢重新开始缝合。

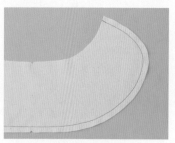

5 缝合好的漂亮的弧线。

6 将缝份保留0.5cm宽，多余部分剪掉。

要点

将缝份裁剪整齐

弧线处的缝份窄，缝制出来的效果好。如用缝纫机缝合宽0.5~0.7cm的缝份，感到较为困难，可以缝出宽1cm的缝份，之后裁剪成所需要的宽度。

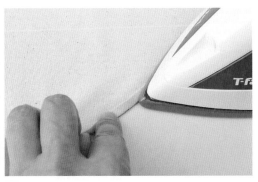

7 将熨斗放置在针脚边缘侧，用熨斗尖将缝份倒向表领侧。

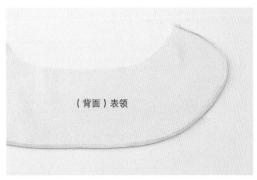

（背面）表领

8 缝份倒向表领的样子。

（正面）

9 翻至正面朝外。

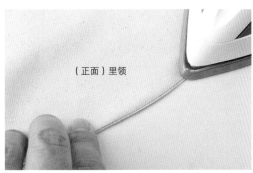

（正面）里领

10 里领稍稍向内错开一点，用熨斗熨烫平整。

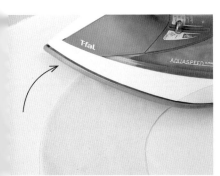

11 自表领侧沿着弧线一点一点熨烫衣领。按照箭头方向移动熨斗尖。

要点

熨烫时，熨斗左侧稍稍抬起

使用熨斗尖部熨烫，布料会绞起，所以缝制完成后需要使用熨斗底面熨烫。熨烫时，熨斗左侧稍稍向上抬起，布料不易褶皱，熨烫会更加流畅。

12 缝合完成。

质地较厚的外弧线（凸曲线） 适用于领尖等圆形的平领等。

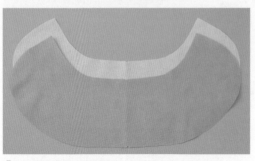

1 这里为了便于理解，里领选用了米色布。

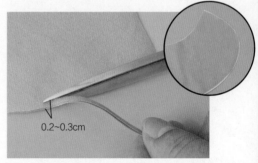

0.2~0.3cm

2 里领外围缝份剪掉0.2~0.3cm，使里领看起来比表领稍稍小点。

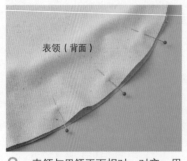

表领（背面）

3 表领与里领正面相对，对齐，用珠针固定。弧线部分布料留得稍富裕点，看起来略显蓬松。

要点

如不习惯缝合质地较厚的布料，可事先疏缝

如不习惯缝合质地较厚的布料，可事先疏缝，这样缝制时会比较安心。疏缝时可按照直线针脚大、弧线部分针脚小的原则缝制。

4 左手在压脚处压着布，右手用锥子向内送布，缝合。

5 熨烫后，翻至正面朝外。

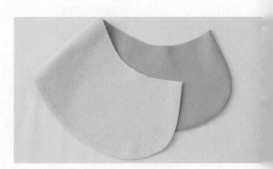

6 参照P65步骤10与11缝制。

小且连续的弧线　适用于熊玩偶的四肢等。

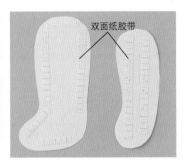

双面纸胶带

1　纸样背面粘贴双面纸胶带。脚尖处也要事先粘贴好。

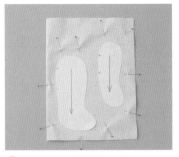

2　布料正面相对，对齐，上面贴上撕掉剥离纸的双面纸胶带，纸样四周用珠针固定。

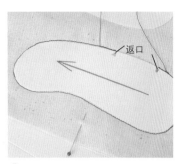

返口

3　设定成小针脚缝合，纸样边缘布料部分预留返口。

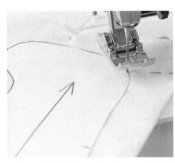

4　弧线较急的部分，落针状态时，将压脚抬起，旋转布料。

5　右手上下操控压脚提杆，慢慢移动布料，推进缝合。

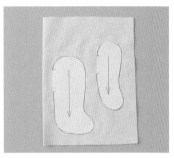

6　两个部分缝合后的样子。

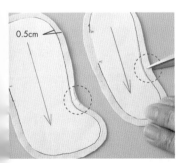

0.5cm

7　预留0.5cm缝份，将两个部分分别剪下来。弧度较大处剪4~5个牙口。

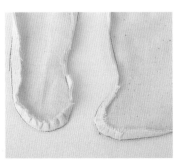

8　撤下纸样，将缝份折向正面侧。为使手尖、脚尖弧线部分圆润，可将其处的缝份打上均等的碎褶，用熨斗熨烫平整。

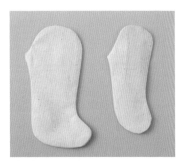

9　翻至正面朝外，中间塞入棉花，缝合返口，制作完成。

内弧线（凹曲线） 适用于包包、围嘴、领窝等。

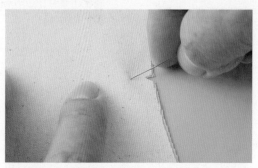

1 两块布正面相对，叠合，中心对位点处用珠针
固定（必要时，也可事先粘贴纸胶带）。

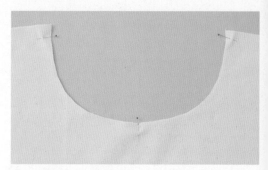

2 起缝处和止缝处对齐，珠针固定（如是领窝，
事先要与前后肩的衣片缝合在一起）。

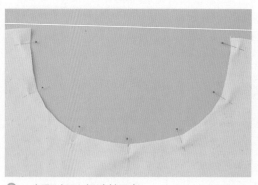

3 步骤1与2之间珠针固定。

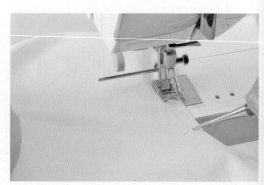

4 用锥子压着布，右手边以半圆为中心推进着
缝合。

5 用左手引导布，缓慢地缝合弧线部分。

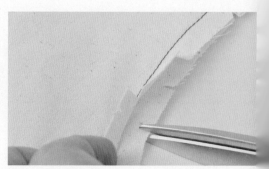

6 为使线平缓，剪入牙口。牙口深约0.5cm。剪
牙口时上线交替进行。

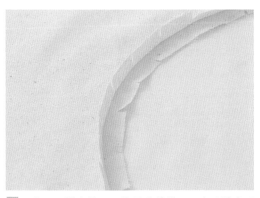

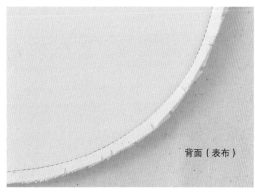

背面（表布）

7 上下两块布的牙口位置稍稍错开一点（请参照下段"两块布一起剪牙口"）。

8 表布背面朝上，放置在熨烫板上，自针脚边缘处熨烫，折叠缝份。

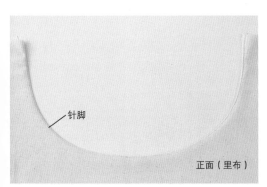

针脚

正面（里布）

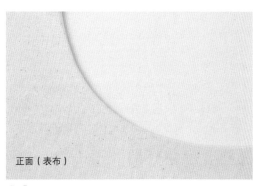

正面（表布）

9 翻至正面朝外，里布比表布稍稍向内缩小点，用熨斗熨烫平整。

10 缝制完成。

两块布一起剪牙口

两块布一起剪牙口缝制时，牙口会影响表面，表面的弧线易凸凹不平。此外，明线缝合时，牙口处的针脚易脏。

两块布一起剪牙口。

缝制方法同上述步骤8和9。

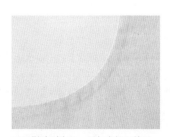

牙口影响到表面，看起来很不美观。

缝合外弧线（凸曲线）和内弧线（凹曲线）

适用于衣服、包包等。

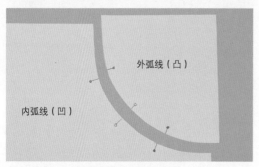

1 要缝合的两块纸样上画好对位点。

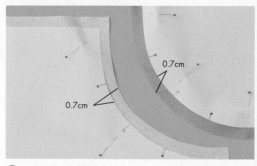

2 弧线部分预留0.7cm缝份，其余部分剪掉。

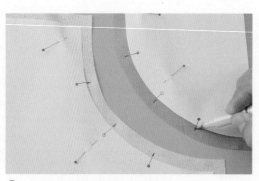

3 布料上用画线笔画上对位点。

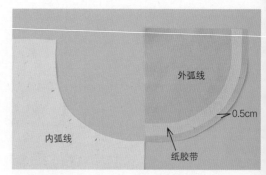

4 撤掉纸样，自外弧线布端向内0.5cm处粘贴纸胶带。

5 内弧线布弧线部分间隔1cm剪深度约为0.5cm的牙口。

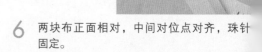

6 两块布正面相对，中间对位点对齐，珠针固定。

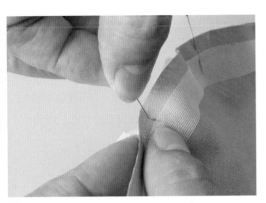

7 其余对位点也依次对齐，珠针固定。

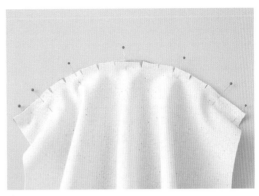

8 内弧线布的牙口稍稍打开，与外弧线布的缝份对齐，珠针固定。

9 珠针全部插好后的样子。

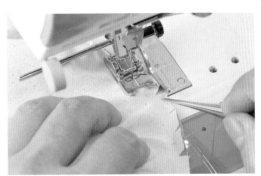

10 内弧线布放在上面，为使针脚平整，用锥子一边送布一边缝合。使用压脚定规，对齐缝份。

对齐对位点，调整缝份宽度后缝合

外弧线与内弧线对位点如果不对齐，缝合时易褶皱。此外，两块布的缝份如未调整好，布料对应不齐，缝制出来的外观会受到影响。

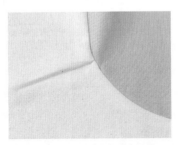

对位点未对齐，缝合出来的有褶皱。

缝份宽未调整好，缝合出来的样子不美观。

11 缝合完成后的样子。

12 如不用明线缝合时，可用熨斗尖劈开缝份（参见P56）。

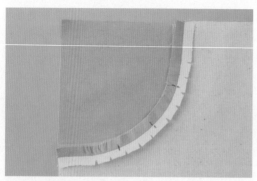

13 缝合完成（背面）。

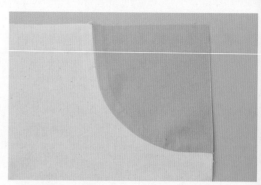

缝合完成（正面）。

明线缝合时

明线缝合时，缝份倒向明线侧。下面图中米色布处明线缝合。如白色布处明线缝合时，如步骤4所示，在白布背面侧粘贴纸胶带，缝份同样倒向明线侧。

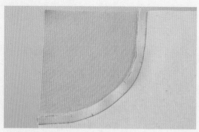

缝份倒向明线侧（此时指的是米色布），用熨斗熨烫平整。

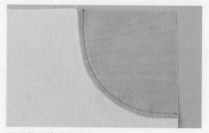

正面所见的明线缝合。

Q 有没有缝制漂亮喇叭裙的小窍门？

A 自下摆开始缝向裙腰。

下摆较宽的裙子，如自裙腰缝向下摆，因布料伸缩易扭曲。自下摆缝向裙腰，布料不会伸缩，缝制出来的效果非常美观。

自裙腰缝向下摆，易扭曲。

自下摆缝向裙腰，布料不伸缩，易于缝合。

自下摆缝向裙腰，劈开缝份时，缝份宽度要调整好。

布料不伸缩，缝制出来的效果非常好。

Q 缝制作品时，明线缝合可以借助工具吗？

A 可以使用压脚定规，或试着使用相同缝线并排缝合，或三重缝合等方法。

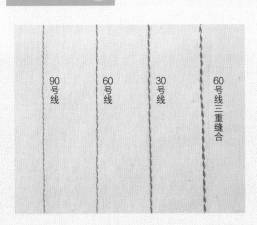

可以使用压脚定规或是压脚宽来缝合漂亮的装饰压条。使用的缝线可以与缝制作品相同的线，也可以使用不同颜色、不同粗细的线。相同线时，可以2~3股线并排缝合。此外，如果缝纫机具有"三重缝合"功能，可以尝试着使用。相同针脚重复缝合，看起来缝线有3倍那么粗。如换用粗线，也需要换用缝针，针脚越大，明线看起来越明显。习惯使用缝纫机后，可以挑战使用与布料不同颜色的缝线（参见P37），非常有趣。

4 缝合角部

为缝制出漂亮的角部，可在落针状态下改变布料方向。此外，将缝份重叠部分剪掉，收放到布料的背面，也是一重点。

凸角 适用于领尖、袖口等。

1 缝到角部处，刺针，固定。

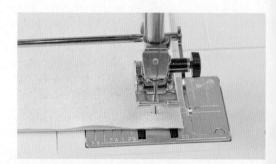

2 缝针向下刺时，向上抬压脚。

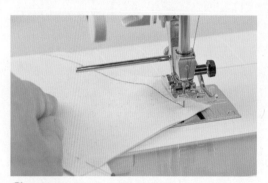

3 缝针向下刺时，改变布料方向。

4 将压脚放下。

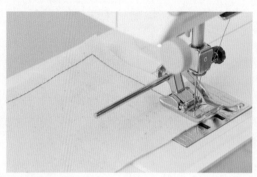

5 继续缝合。

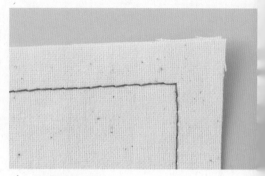

6 角部缝合完成。

●凸角缝合完后，翻角

1　角部缝合完成后，表布背面放置在上面，使用熨斗尖部将两块布的缝份一起折向针脚侧。

2　另一边也同样折向针脚侧，卷入角部的缝份。

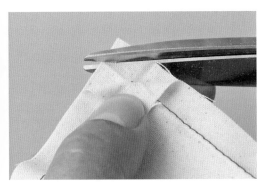

3　打开角部的缝份，用手指压住上片布的缝份，下片布缝份剪掉对角线的1/3左右。

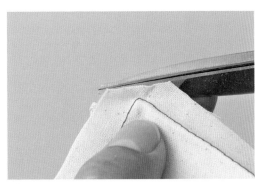

4　接下来，压住下片布的缝份，上片布的缝份比下片布缝份剪得更深。

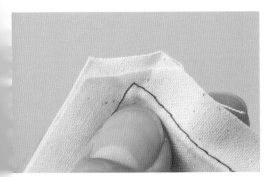

5　上下两块布角部缝份剪出高度差的样子。

6　同步骤2，塞入角部缝份。

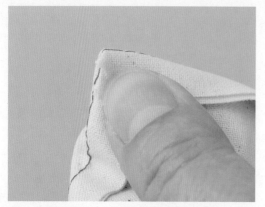

7 食指塞入角尖内，用拇指紧紧压住缝份。

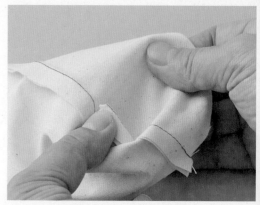

8 另一侧面用布盖住，翻至正面朝外。

9 翻角后的样子。

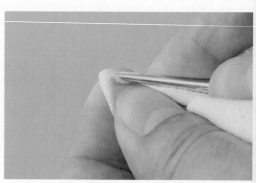

10 用锥子按住缝份，调整角部。

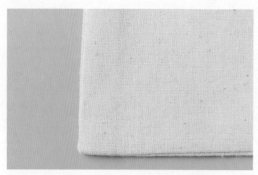

11 缝合完成（背面）。用熨斗熨烫平整。

缝合完成（正面）。

尖角　适用于衬衫领、腰带头等。

1　将布正面相对，对齐，缝合。用熨斗尖将两块布的缝份一起自针脚边侧向表领侧折叠。

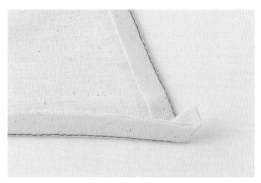

2　另一边也采用同样方法折向针脚边侧。

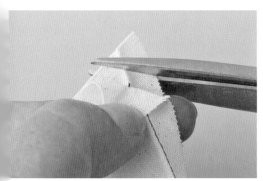

3　打开角部缝份，用手指压住上片布的缝份，下片布缝份剪掉对角线的1/3左右。

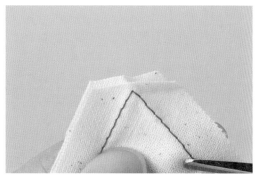

4　接下来，压住下片布的缝份，上片布的缝份比下片布缝份剪得更深。

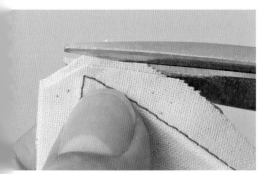

5　上下两块布角部缝份剪出高度差的样子。

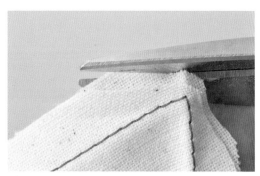

6　两侧都剪出高度差。

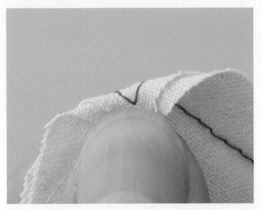

7 用指尖持住缝份，尖部向内折1针距左右距离。

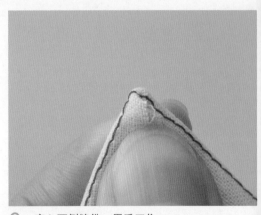

8 塞入两侧缝份，用手压住。

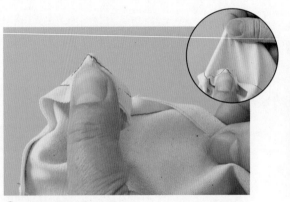

9 用拇指紧紧按住缝份尖，另一侧面用布盖住，翻至正面朝外。

10 翻角后的样子。

11 用锥子按住缝份，调整角部。

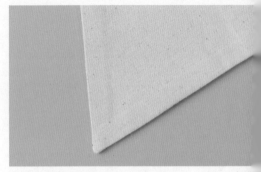

12 尖角处缝合完成（正面）。用熨斗熨烫平整。

●翻至正面朝外的角部用明线缝合

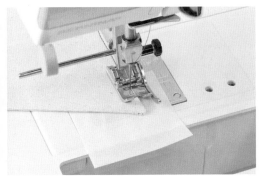

1　缝合角部时，在布的下面铺上牛皮纸（参见P14）等薄纸，与布一起缝合。

2　缝至角部时，落针状态下向上抬起压脚，通过转动纸来改变布的方向。右手转动手轮，慢慢地用手工缝制1~2针。

3　角部明线缝合的样子，很美观。

4　撕掉露在外面的纸。

角部明线缓慢缝合

即使正面看不见，但角部缝份叠加在一起，看起来比较厚。明线缝合时比较难向前推进，角尖部分容易落入到缝纫针针孔内。因为背面铺了纸，用手旋转手轮时，注意一针一针地推进着缝合。

角尖部分落入到缝纫针针孔内，布发生扭曲的领尖。

凹角 适用于方领等。

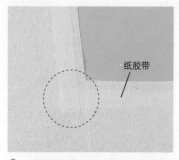

纸胶带

1 前衣片背面缝线部分粘贴纸胶带，角落处十字交叉。

前衣片（背面）

2 前衣片与贴边正面相对，角部处珠针固定。

3 一直缝至珠针固定处。

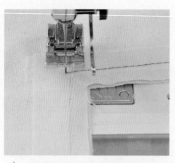

4 撤掉珠针，缝针落针状态下向上抬压脚，改变布的方向。

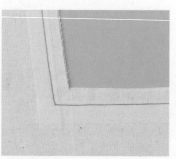

5 角部缝合好的样子。

6 角部剪牙口。此时，两块布不要一起剪，前衣片缝份中心偏右处剪牙口。

7 贴边缝份中心偏左处剪牙口。

8 用熨斗将缝份自针脚边缘处向内折，翻至正面朝外。

9 缝合完成（正面）。熨斗熨烫平整。

●贴布（为了加强牢固度，贴垫布）时

1 角部贴上贴布，会更加结实，缝合出来的明线
也非常漂亮（特别是质地较厚时）。

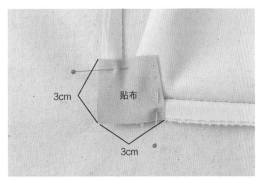

2 角部贴上约3cm见方的布，缝份处珠针固定。

3 将布翻至背面朝外，挑出角部的缝份。

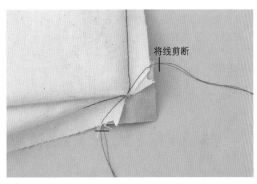

4 自缝份一端开始，通过角部，一直缝至另一
端。即使不回针缝也是可以的（贴布过大时要
剪掉）。

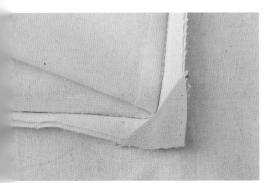

5 将布再次翻至背面朝外，缝份处剪牙口的角部
更结实。

6 缝合完成（正面）。明线缝合也可。最后熨斗
熨烫平整。

缝合凸角和凹角 适用于衣服、包包等的拼接设计。

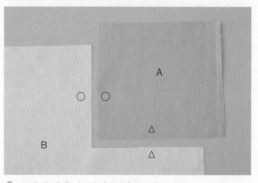

1 缝合凸角（A）与凹角（B）

2 放置纸样，角部分别做上记号（如果有对位点，也一起画上）。

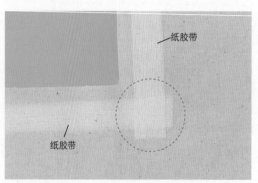

3 B背面缝线部分粘贴纸胶带，角落处十字交叉。

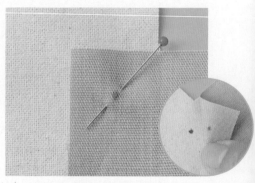

4 A与B角沿着记号正面相对，对齐，△边缝份对齐，珠针固定。

5 缝合△边。角部珠针处落针，回针缝，将线剪断。

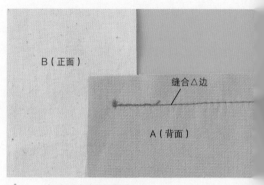

6 一直缝至角部记号处。

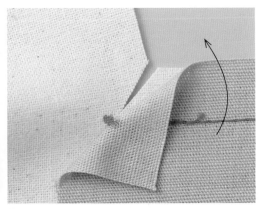

7　B缝份处，角部记号处向身前方向剪0.2cm左右的牙口，按照箭头方向移动A。

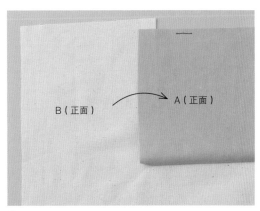

B（正面）　　A（正面）

8　此外，按照箭头所示，将A叠加在B上，○边正面相对，对齐。

9　在B上叠加A的样子。

B（背面）

10　A与B的○边对齐，珠针固定。

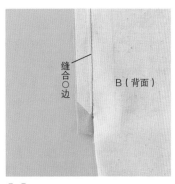

缝合○边　　B（背面）

11　缝合○边。落针至角部珠针固定处，回针缝，将线剪断。

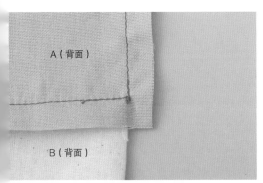

A（背面）

B（背面）

12　缝合△边和○边至角部记号处。

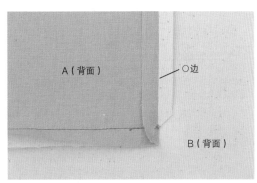

A（背面）　　○边

B（背面）

13　将B布展开，使用熨斗尖劈开○边缝份。

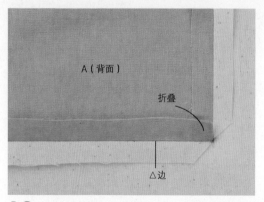

13 同样方法劈开△边缝份。将A角部的缝份塞入到切换线内。

14 缝合完成（正面）。

质地较厚的布料

质地较厚的布料要将多余的缝份剪掉后再劈开缝份。

1 按照P83步骤12缝合后，如图所示，剪掉A的角部缝份。

2 使用熨斗尖劈开缝份。

3 缝合完成（背面）。

缝份倒向B侧，缝制时可起到加强的作用

缝份倒向B侧时可起到加强的作用。明线缝合时也较容易。

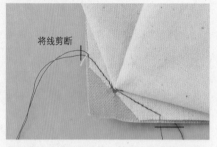

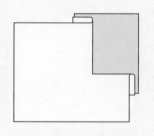

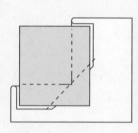

角部缝份处缝纫机缝合。按照P83步骤12缝合后，自一端起缝，通过角部记号处缝至另一端。即使不回针缝也是可以的。

缝份倒向B侧，熨斗熨烫平整。缝合完成（正面）。

缝合完成（背面）。

缝合框架 适用于餐具垫、桌布等。

1 两边向内折1cm。

2 再向内折3cm。如图所示，将角部打开，交叉处用画线笔做好记号。

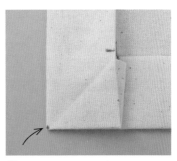

3 塞入缝份，还原成最初的样子，角部做好记号。

4 打开角部，正面相对，对齐。按照步骤2做的记号对齐，珠针固定。

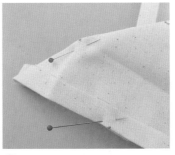

5 步骤3所做的记号处也用珠针固定。

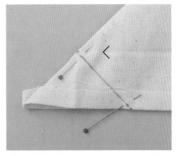

6 用尺子连接两边的记号点，用画线笔连线。连接线与上边呈90°角。

7 起缝处与止缝处回针缝，缝合画线笔画出的线。

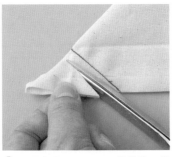

8 预留出0.5~0.7cm的缝份，其余部分剪掉。

9 缝份处三角形部分剪掉。

10 剪掉多余缝份后的样子。

11 劈开缝份，用拇指压住。

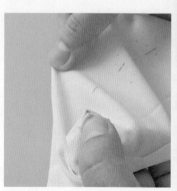

12 用另一侧的布盖住，翻至正面朝外。

13 翻至正面朝外的样子。

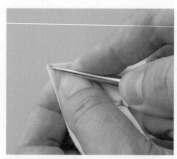

14 用锥子挑角部，整形。

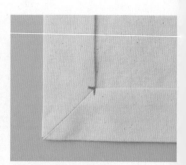

15 用熨斗熨烫平整。

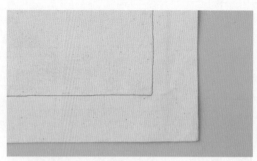

16 正面明线缝合，压住缝份。边框缝合完成（正面）。

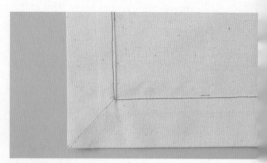

缝合完成（背面）。

缝合两边宽度不一的边框

制作时改变边框的折幅。

1 首先向内折1cm，之后再依据两条边的尺寸折叠，三折边。

2 两边折叠交叉处做好记号。

3 塞入缝份的角部也做好记号。

4 打开角部，正面相对，对齐，两条及3个角的记号处用珠针固定。

5 借助尺子，用画线笔将两侧记号连接起来。连接线与上边呈90°角。

6 起缝处与止缝处回针缝，缝合连接线。

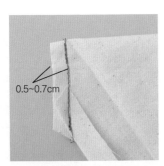

0.5~0.7cm

7 预留出0.5~0.7cm的缝份，其余部分剪掉。

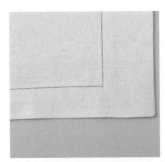

8 缝制方法同P86的步骤11~16（正面）。

缝合完成（背面）。

5 立体缝合

弧线、角部组合在一起需要立体缝合。调整好缝份宽度，对齐对位点。弧线处多用几根珠针固定，这样缝合起来易操作。

直线和角部 适用于坐垫、包包等。

1 将纸样覆在布上，对准缝份，裁剪。

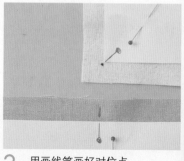

2 用画线笔画好对位点。

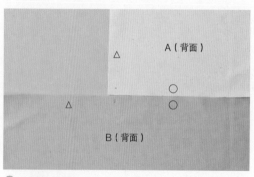

3 撤掉纸样。

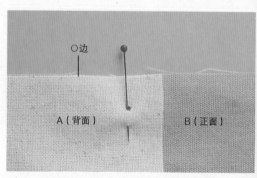

4 A与B正面相对，对齐对位点、○边，珠针固定。

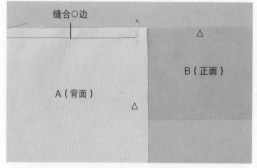

5 预留出正确的缝份宽度，缝合至对位点。

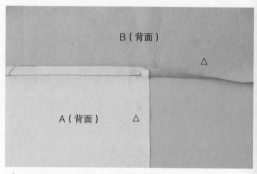

6 缝份倒向B侧，熨斗熨烫平整。

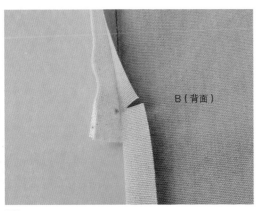

7　B的缝份对位点处向内剪0.2cm左右的牙口。

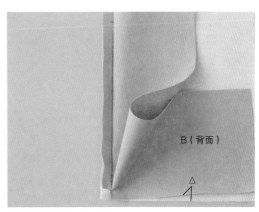

8　△边正面相对，对齐。

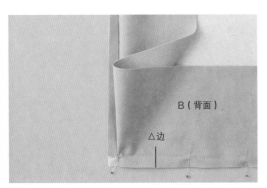

9　△边布边对齐，珠针固定。

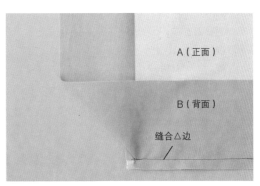

10　预留出正确的缝份宽度，缝合△边。

11　两块布的缝份一起折向B侧，用熨斗压住。

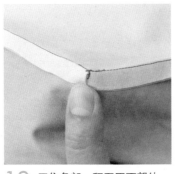

12　压住角部，翻至正面朝外。

13　翻至正面朝外后的样子。

适用于坐垫、包包、帽子等。

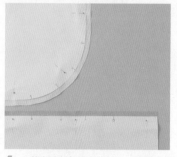

1 将纸样放置在布上，预留出正确的缝份，裁剪。

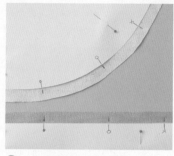

2 用画线笔画好对位点。

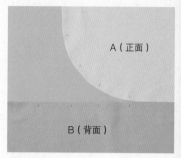

3 撤掉纸样。

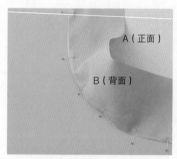

4 A与B正面相对，沿着对位点对齐，珠针固定。必要时，对位点中间也可用珠针固定。

5 布两端对齐，用锥子压布缓慢缝合（有些布料也可使用绷缝固定）。

6 拼缝后的样子。

7 缝份针脚附近用熨斗熨烫，将缝份倒向B面。

8 注意缝份中不要有大的褶皱。

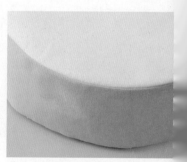

9 翻至正面朝外，缝合完成（正面）。

直线和较小的弧度 适用于装放水瓶等。

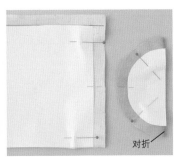

对折

1 将纸样放置在布上，预留出正确的缝份，裁剪。用画线笔画对位点。

2 筒状部分布正面相对，缝合。

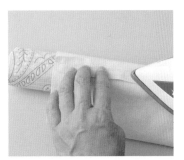

3 塞入形如话筒的棒棒（参见P24）用熨斗劈开缝份。

4 缝制成筒状后的样子。

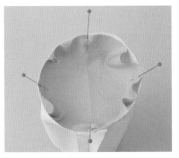

5 将圆形布放置在步骤4的筒状上，沿着对位点对齐，珠针固定。

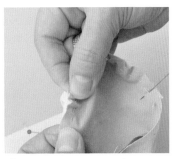

6 缝份外侧用小针脚疏缝。

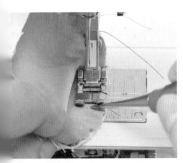

7 圆形布放在上方，用锥子一边送布，一边缝合，注意不要缝出褶皱。

8 缝合结束后，拆掉疏缝线，翻至正面朝外。

9 缝合完成（正面）。

制作拼条　手提袋等包底的拼条（为了呈现厚度而缝合）的制作方法有很多种。结合包包的质地及设计选择适用的制作方法。

① **三角拼条**　适用于手提袋、坐垫套等。

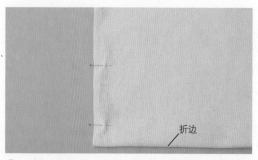

折边

1 布正面相对，对齐，侧边的缝份处用珠针固定。

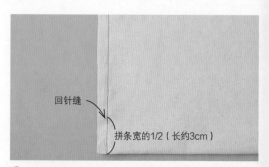

回针缝

拼条宽的1/2（长约3cm）

2 缝合侧边。自边至拼条宽1/2处采用回针缝（此时制作的是宽为6cm的拼条）。

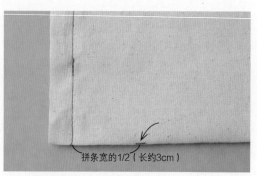

拼条宽的1/2（长约3cm）

3 自针脚处至拼条宽1/2处"折边"的位置，用画线笔画记号。

4 劈开缝份。

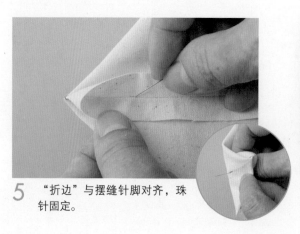

5 "折边"与摆缝针脚对齐，珠针固定。

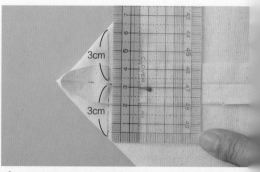

3cm

3cm

6 直尺与侧缝针迹垂直放置，以珠针为中心，左右各3cm用画线笔画线。

7 起缝处与止缝处做回针缝，留出缝份，多余部分剪掉。

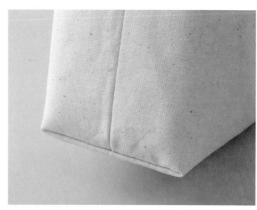

8 翻至正面朝外的样子。

②三角拼条外露型　适用于包包、体操服袋等。

1 布正面相对，对齐，"折边"端剪掉一个小三角形，做好记号。

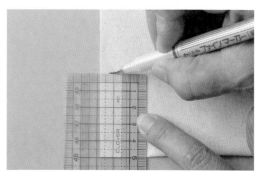

2 自"折边"部至拼条宽（5cm）处，用画线笔画线。

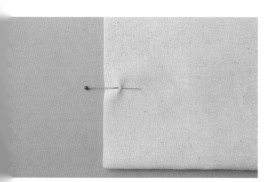

3 步骤2记号处珠针固定。

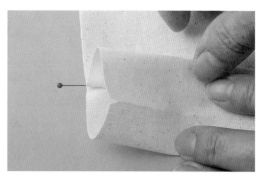

4 将"折边"展开，珠针与步骤1做的记号对齐。

5 步骤1记号处与珠针对齐后的样子。

6 将布倒向一侧，叠合。

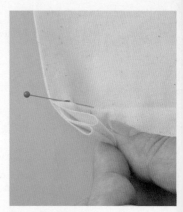

7 紧紧叠合。

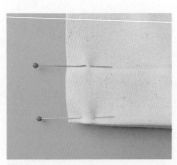

8 "折边"叠合的布端处也用珠针固定。

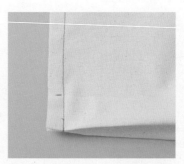

9 起缝处与止缝处做回针缝，缝合侧边缝。

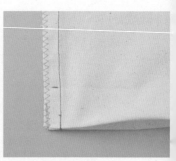

10 缝份处曲折缝。

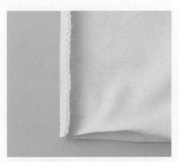

11 倒缝份，用熨斗熨烫平整。

12 翻至正面朝外，制作三角形拼条。

13 折叠塞入拼条部分。

③**拼条可折叠型**　适用于环保包、尼龙包等质地较薄的布料。

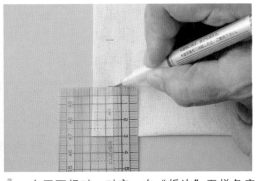

1　布正面相对，对齐，自"折边"至拼条宽
（6cm）以及拼条1/2宽处用画线笔做记号。

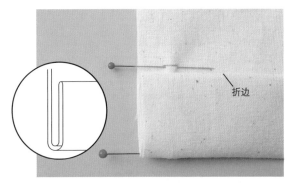

折边

2　记号处珠针固定，折叠。

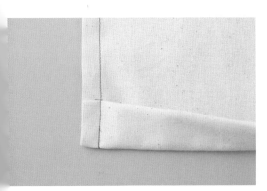

3　起缝处与止缝处做回针缝，缝合侧边。

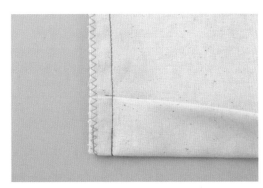

4　缝份处做曲折缝。

5　翻至正面朝外的样子。

6　角部与底部。

7　折叠塞入拼条部分。

6 边缘的处理方法

可以使用与毛边相同的布或斜纹带处理。用斜纹带包裹毛边，结实、美观。使用不同颜色、不同图案的布处理边缘，可以享受变化带来的快乐。

制作斜纹带（包边条）

与经线呈45°角（正斜纹带）裁剪而成的细带称之为斜纹带或包边条。弧线部分也可以用这种包边条严实地包裹住。

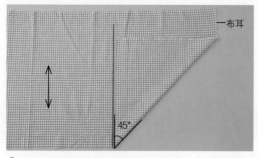

1 画一条与布耳平行的线（红色），一侧布与平行线呈45°角折叠。

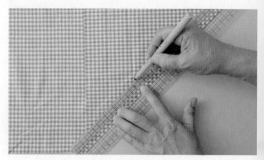

2 直尺抵住布的"折边"，根据需要的宽度画平行线。

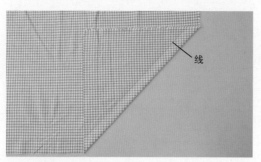

3 线画好后的样子。

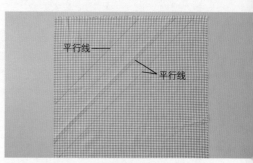

4 将布展开，根据需要的宽度画平行线。

5 沿着线裁剪。

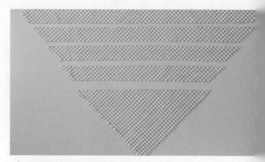

6 3根斜纹带制作完成。

拼接斜纹带（包边条）

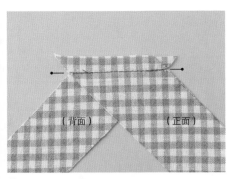

1 斜纹布正面相对，如图所示，缝线处两块布十字交叉，缝合。

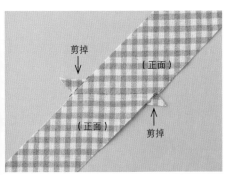

2 劈开缝份，剪掉露出的多余部分。

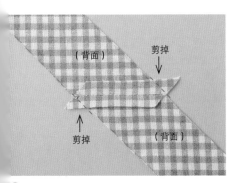

3 完成（背面）。

错误！

拼接方法错误会导致斜纹带不好看。

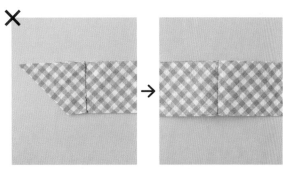

两块布叠加在一起，径直缝合。

针脚为明线，制作出来的斜纹带不美观。

两块布叠加在一起，斜着缝合。

缝制出来像边框。

两块布布边处对齐。

拼缝针脚错落。

使用斜纹带（包边条）制带器

制带器是种能将斜纹带两端简单折叠的便利工具（参见P16）。

图中是"制带器W"，有不同规格，如0.6cm、0.9cm、1.2cm、1.8cm、2.5cm等。

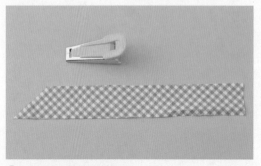

1 准备好裁剪好的斜纹带。

2 将斜纹带塞入制带器。

3 布难以通过时，可使用锥子拉伸布。

4 从制带器内将斜纹带拉出。

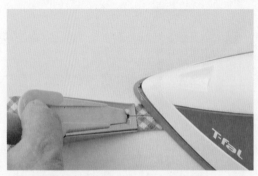

5 布端用熨斗压按住。向左滑动制带器。

6 完成折叠的斜纹带。

直线边　适用于桌布、床罩四周等。

1　用熨斗轻轻熨烫斜纹带，自端侧0.5cm处折叠。

2　使用热黏合线（参见P16），粘贴在折叠部分。使用热黏合线后缝纫时比较简单，缝制出来美观。

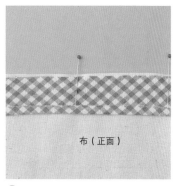

布（正面）

3　斜纹带毛边与布正面相对，珠针固定。

4　利用压脚等，以端侧宽度为标准缝合。

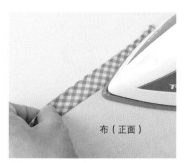

布（正面）

5　翻转斜纹带，从正面用熨斗熨烫针脚。

布（背面）

6　翻至背面朝外，斜纹带包裹以能盖住步骤4的缝线为准，用熨斗压住。也可以塞入热黏合线。

布（正面）

7　翻至正面朝外，调整确认斜纹带宽度。

此处落针压缝

8　正面斜纹带边缘处落针压缝。

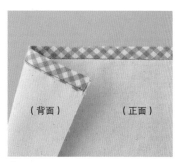

（背面）　　（正面）

9　直线边缝制完成。

外弧线（凸曲线）边　　适用于围嘴、膝盖毯四周等。

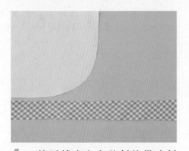

1 外弧线布上安装斜纹带（斜纹带端口0.5cm处事先折叠，参见P99步骤1）。

2 斜纹带与弧线对齐，安装侧用熨斗熨烫平整。

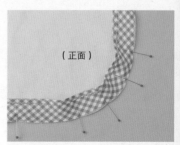

（正面）

3 斜纹带毛边与布正面相对，珠针固定，必要时也可疏缝固定。

4 用锥子压着斜纹带，利用压脚调整针脚与外侧的宽度缝合（外弧线缝合方法参见P64）。

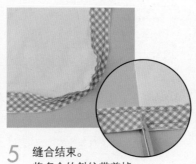

5 缝合结束。将多余的斜纹带剪掉。

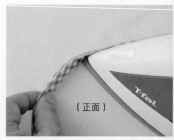

（正面）

6 为使斜纹带挺立，从正面用熨斗熨烫平整。

（背面）

7 翻至背面朝外，斜纹带包裹以能盖住步骤4的缝线为准，用熨斗压住。也可以塞入热黏合线。

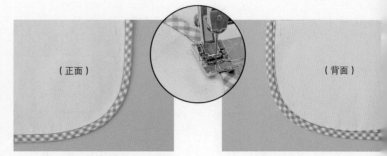

（正面）　　　　　　　　　　　　　　（背面）

8 再次翻至正面朝外，确认斜纹带宽度均一。斜纹带周边落针压缝。

9 外弧线边缝合完成（背面）。

内弧线（凹曲线）边

适用于领窝、袖窿等。

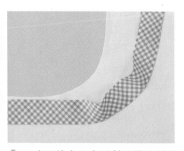

1 内弧线布上安装斜纹带（斜纹带端口0.5cm处事先折叠，参见P99步骤1）。

2 斜纹带与弧线对齐，安装侧用熨斗熨烫平整。

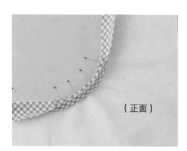

（正面）

3 斜纹带毛边与布正面相对，珠针固定，必要时也可疏缝固定。

4 用锥子压着斜纹带，利用压脚调整针脚与外侧的宽度缝合（内弧线缝合方法，参见P68）。

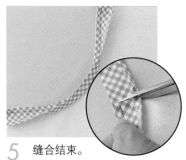

5 缝合结束。将多余的斜纹带剪掉。

（正面）

6 使用熨斗尖熨烫，将斜纹带正面朝外。

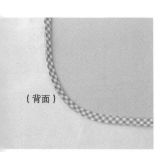

（背面）

7 翻至背面朝外，斜纹带包裹以能盖住步骤4的缝线为准，用熨斗压住。也可以塞入热黏合线。

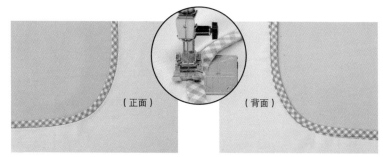

（正面） （背面）

8 再次翻至正面朝外，确认斜纹带宽度均一。斜纹带周边落针压缝。

9 内弧线边缝合完成（背面）。

凸角边 适用于婴儿襁褓、膝盖毯四周等。

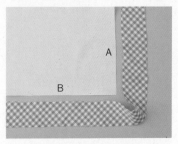

1 凸角布上安装斜纹带（斜纹带端口0.5cm处事先折叠，参见P99步骤1）。

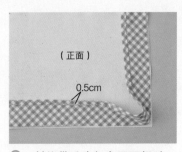

（正面）

0.5cm

2 斜纹带毛边与布正面相对，对齐。

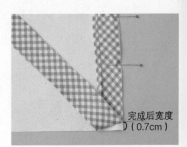

完成后宽度
（0.7cm）

3 A与斜纹带对齐，珠针固定。角部预留出完成后的宽度（0.7cm），用珠针固定。

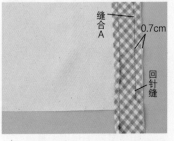

缝合A

0.7cm

回针缝

4 调整针脚与布边的宽度（0.7cm），缝合，缝至珠针固定处，回针缝，将线剪断。

5 如图所示，折叠斜纹带，用熨斗熨烫平整。

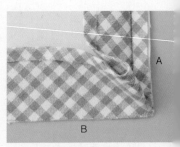

6 塞入角部的斜纹带。

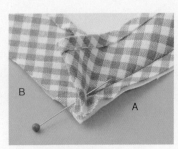

7 角部的斜纹带端侧对齐，珠针固定。

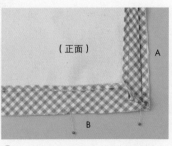

（正面）

8 B与斜纹带对齐，珠针固定。

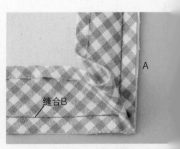

缝合B

9 角部回针缝，缝合B与斜纹带。

10 从背面所见的步骤9的针脚。加入了回针缝的部分。

11 用手指按住角部，翻至正面朝外。

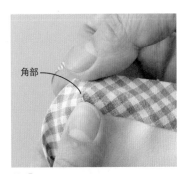

12 翻至正面朝外的样子。

13 翻至正面朝外后，角部的布用珠针固定。

14 用斜纹布包裹A的缝份，用熨斗熨烫平整。

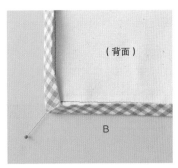

15 珠针按照记号线折叠，包裹B的缝份，将角部塞整齐，用熨斗熨烫平整。也可以塞入热黏合线。

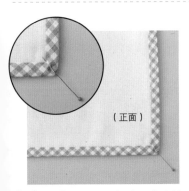

16 再次翻至正面朝外，确认斜纹带宽度均一。

17 正面斜纹带周边落针压缝。

18 缝合完成（背面）。之后可以手工缝固定缝份（参见P104）。

手工缝制角部

手工缝制角部叠加布，压住布为使其不鼓起，用宽幅带处理边缘时尤为重要。

1　线打结，在斜纹带叠加部分中间缝一针。

2　将打结点隐藏在斜纹带内侧。

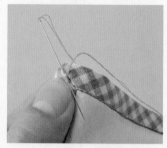

3　从边侧入针，挑起布，出针。

背面出针，暗针缝。

4　角部叠加布缝一针。

5　再次挑布出针。

6　再次从边侧入针，挑布，出针。

7　打结。

8　斜纹带中间入针，1cm左右处出针，将线拉紧，打结。将打结点隐藏在内侧，剪线。

9　缝合完成。

接缝一周斜纹带

用斜纹带包裹作品一周时，如作品较小，可以测量周边长度，接缝斜纹带。如作品较大，缝合过程中布松弛，易产生误差，可以在后面再次接缝。

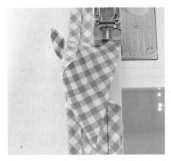

1　回到起缝处，向身前方向缝3~4cm。

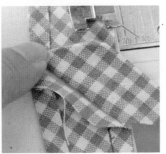

2　斜纹带接缝处折叠，确认所需的长度。

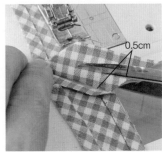

3　预留0.5cm的缝份，其余部分剪掉。

4　接缝斜纹带带端。

5　用锥子压着布，缝至两边的缝线连接起来。

6　接缝完成后的样子。

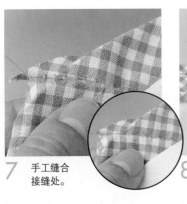

7　手工缝合接缝处。

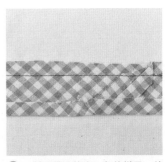

8　剪掉露在外面的斜纹带，用熨斗熨烫平整。

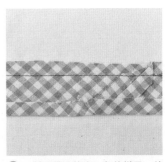

9　斜纹带连接在一起的样子。然后用来包裹布边，缝制完成。

凹角边　适用于方形领等。

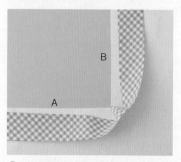

1 凹角布上安装斜纹带（斜纹带端口0.5cm处事先折叠，参见P99步骤1）。

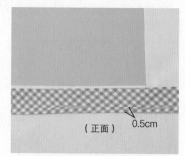

（正面）　0.5cm

2 斜纹带毛边与布正面相对，对齐。

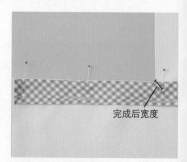

完成后宽度

3 A与斜纹带对齐，珠针固定。此时，角部在完成后宽度处用珠针固定。

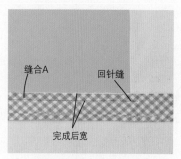

缝合A　回针缝

完成后宽

4 调整缝线与布边的宽度，缝合，缝至珠针固定处，回针缝，将线剪断。

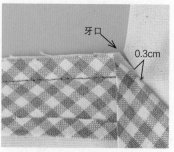

牙口　0.3cm

5 角部缝份处剪牙口，牙口至完成线0.3cm。

6 将A与B打开，珠针固定。

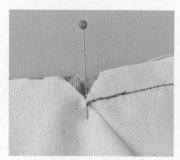

7 角部，珠针固定的样子。

缝合B

8 角部回针缝，缝合B与斜纹带，自斜纹带带端缝至完成后宽度处。

9 角部缝合后的样子。斜纹带背面可见。

10 步骤9从背面所见的角部针迹（背面）。使用了回针缝。

11 将斜纹带翻至正面朝外，用熨斗熨烫平整。

12 用熨斗尖压住斜纹带，按照图中上、下的顺序折叠斜纹带。

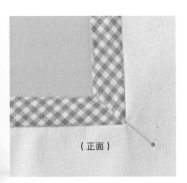

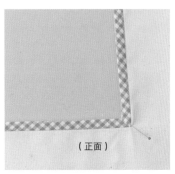

13 斜纹带折叠后珠针固定。

14 翻至背面朝外，包裹缝份，以能盖住缝线为准。角部叠合部分要仔细折塞，用熨斗尖部压实。

15 再次翻至正面朝外，确认斜纹带宽度均一。

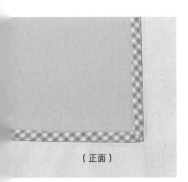

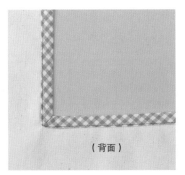

16 正面斜纹带周边落针压缝。

17 缝合完成（背面）。

18 角部结合处缝合固定。

使用市面上销售的斜纹带

市面上销售的斜纹带，有不同颜色、宽度、质地等，种类极为丰富。请依据使用用途区分选用（这里使用的斜纹带是双折边12.7mm的类型）。

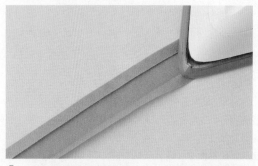

1 斜纹带单侧折痕稍稍打开，用熨斗轻轻熨烫，保持折痕。

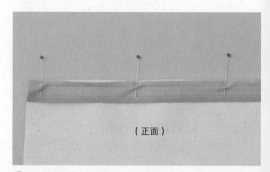

（正面）

2 步骤1的斜纹带与布正面相对，对齐，用珠针固定。

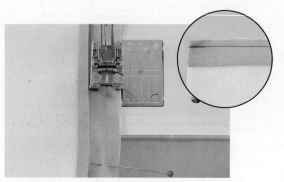

3 沿着斜纹带折痕缝合。

（正面）

4 用斜纹带包裹缝份，缝合斜纹带端侧。

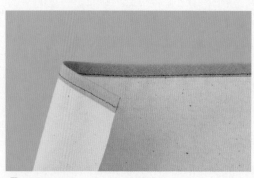

5 直线缝合。

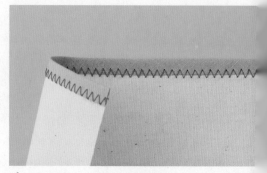

6 依据设计，也可以做曲折缝。

使用市面上销售的斜纹带（包裹细绳带的布）

睡衣边等处的"带子"，也称包边。适用于口袋袋口、袖口、衣领等的突出点或包包、坐垫。

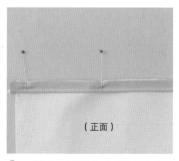

1　斜纹带端侧与布正面相对，对齐，珠针固定。

2　使用拉链用压脚。

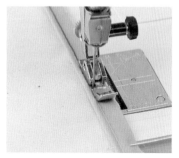

3　缝合穿绳带部分的边缘。此时，针距较大点比较好。

4　斜纹带缝好后的样子。

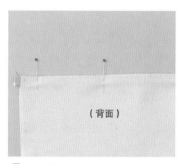

5　与另一块正面相对，对齐，珠针固定。

6　第一根缝线稍内侧缝合。此时正常针距即可。

7　夹入斜纹带缝合后的样子。

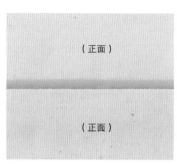

8　用熨斗熨烫平整，将布打开后的样子。

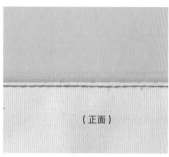

9　缝制完成后，斜纹带边侧明线缝合。

出芽

出芽指的是将两块拼缝的布翻至正面朝外时，正面布露出一条细细的里侧布的一种缝制方法。

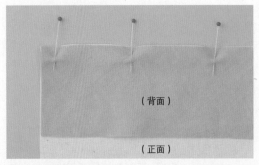

1　两块布（米色布作为装饰用布）正面相对，对齐，珠针固定。

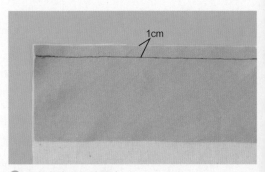

2　自布边1cm处缝合。

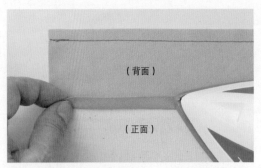

3　米色布布边向内折0.5cm，用熨斗熨烫平整。如果有热黏合线，也可使用热黏合线。

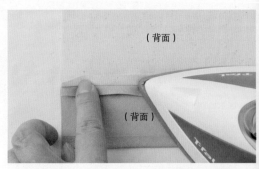

4　将布打开，劈开缝份，一边用手指按住缝份一边用熨斗熨烫。

5　翻至正面朝外，米色布向上露出0.3cm左右，用熨斗熨烫平整。

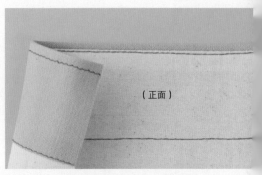

6　出芽布的边侧和米色布布边明线缝合。

透明质地布料边的处理方法

蝉翼纱等质地较薄的服装领窝处理时，将斜纹带对折，调整宽度，缝合。之后再缝合在领窝上，是最常用的一种处理方法。依据布料种类，伸缩度会有所差异，请通过试缝确定必要的斜纹带宽度。

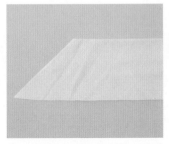

1　准备好比领窝包边宽8~9倍的斜纹带。

2　对折，用熨斗熨烫平整。

斜纹带宽的1/4

3　大针脚缝合，为不使两块布脱落，可将两块布对齐，一边伸展一边缝合（缝纫机疏缝）。此时缝份宽为对折后斜纹带宽的1/4。

4　按照缝合形状对齐，熨斗熨烫平整。

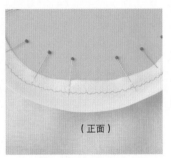

（正面）

5　布端与斜纹带对齐，珠针固定。必要时，可疏缝固定。

（正面）

6　缝合斜纹带。

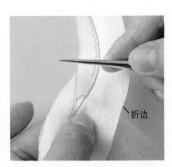

折边

7　使用锥子拆疏缝线（步骤3的缝线）。

（背面）

8　用斜纹带包裹缝份。

暗针缝

（背面）

9　暗针缝，将"折边"部固定在缝份处。

7 拉链的安装方法

学会安装拉链，就会拓宽作品的幅度。让我们一起来掌握热黏合双面胶带的使用方法、拉链头移动方法等小窍门吧。

拉链的种类及各部分名称

拉链根据形状及质地有不同种类。

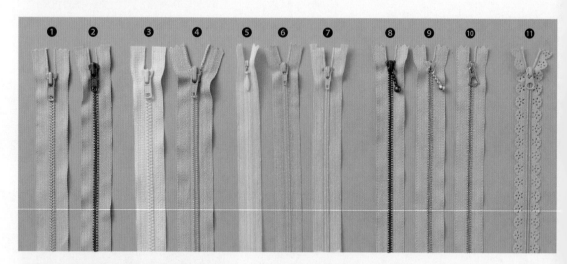

❶ ❷ ❸ ❹ ❺ ❻ ❼ ❽ ❾ ❿ ⓫

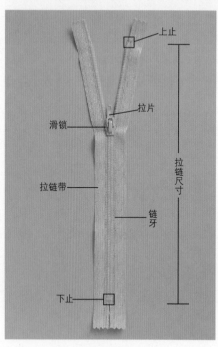

上止
拉片
滑锁
拉链尺寸
拉链带
链牙
下止

❶**金属拉链（银色）** 安装后，正面可见，给人极强的运动感。

❷**金属拉链（熏银色）** 虽然看上去也很有运动感，但安装后看起来更有古典感。❶、❷拉链也有开放型（无下止，左右可分离的类型），也有大链牙型。

❸**YKK拉链** 链牙为树脂，有不同大小、颜色，类型非常丰富。适用于运动装及包包等。

❹**线圈拉链** 链牙为线圈状树脂制作的。细的拉链适用于化妆包、服装，粗的拉链适用于运动包包等。

❺**隐藏式拉链** 正面看不到链牙，拉链闭合后看起来如同针脚一般。适用于连衣裙、短裙等注重时尚感的场合。隐藏式拉链缝合后不仔细看看不出来。

❻**平针织拉链** 将链牙编织进拉链带的拉链。质地较薄，即使不适用专用压脚也可以缝合。有不同颜色、不同尺寸的平针织拉链。

❼**平纹织拉链（开放式）** ❻平针织拉链之中的开放式拉链。常用来缝于夹克衫的前开处。

❽、❾**拉片处有装饰件的类型** 拉片处装饰件除如图所示的玻璃珠类型外，还有很多其他有魅力的类型。

❿**拉片处有大孔的类型** 拉片处有个大孔，可以通过装饰带等连接。

⓫**拉链带经过花边加工的类型** 拉链带部分露在正面，不需处理，就这样缝合即可。

平针织拉链的安装方法

短裙、连衣裙等开口处经常使用平针织拉链。不需使用专用的压脚即可缝合。

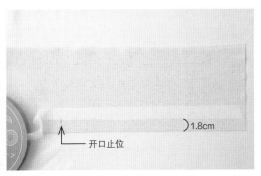

1 上片缝份（宽2cm）处粘贴纸胶带。一直粘贴至开口止位下1cm左右处。

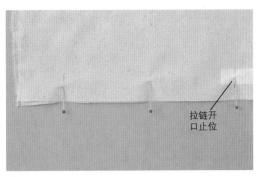

2 两块布正面相对，对齐，自拉链开口止位至下片缝份处用珠针固定。

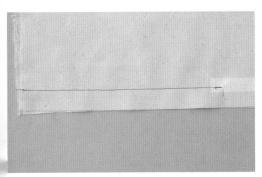

3 缝合至开口止位，起缝处与止缝处都需要回针缝。

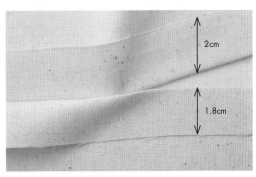

4 将布展开，劈开缝份。拉链开口的下片较完成线相比少0.2cm处折缝份。

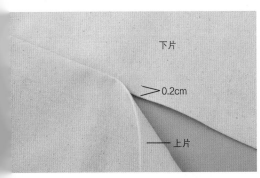

5 从正面看，上片0.2cm处叠加在下片处。

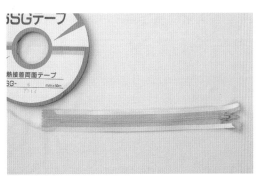

6 拉链带正面两端侧粘贴热黏合双面胶带。

7 撕掉热黏合双面胶带一面的剥离纸，用熨斗熨烫黏合在拉链开口下片布上。此时仅适用熨斗边缘，熨烫布与拉链带。

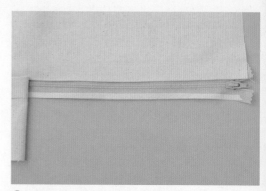

8 拉链开口时下片贴合后的样子。

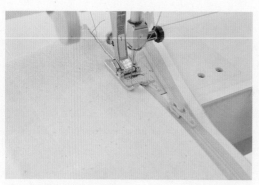

9 打开拉链，开始缝合。

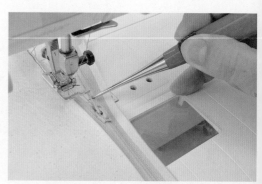

10 缝合4~5cm后，落针状态下抬起压脚，锥子塞入到拉片的孔处，将滑锁挪到压脚后面。

11 滑锁挪至压脚后面的样子。

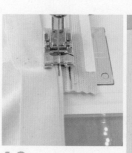

12 缝至开口止位1cm，回针缝，将线剪断。

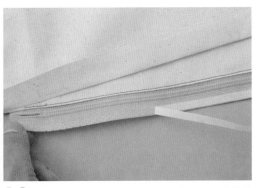

13 将拉链闭合，撕掉另一片热黏合双面胶带的剥离纸。

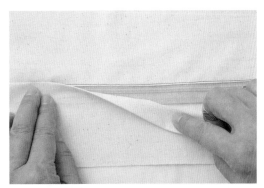

14 上片布0.2cm叠加在下片布上。避开链牙，仅用熨斗熨烫黏合拉链带部分。

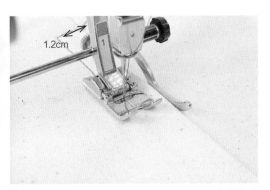

15 开口止位回针缝，距布端1.2cm处落针状态下更换方向，明线缝合。

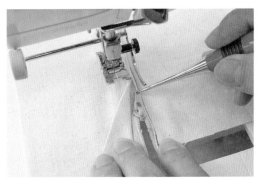

16 距止缝处4~5cm处，落针状态下抬起压脚，用锥子移动滑锁，继续缝合至末端。

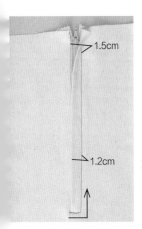

17 滑锁止位处缝份宽1.5cm为佳。拉链安装好的样子（正面）。

18 拉链安装好的样子（背面）。

隐藏式拉链的安装方法

安装隐藏式拉链时，准备的拉链尺寸比缝合尺寸长3cm以上，缝合时使用专用压脚。隐藏式拉链闭合后，看起来如针迹一般。

1 拉链开口部分两侧缝份（宽1.5cm）处粘贴纸胶带。此时，一直粘贴至开口止位下方1cm处。

开口止位

2 两块布正面相对，对齐，大针脚缝合，缝至开口止位（疏缝）。再次自开口止位用普通针脚缝合，回针缝。

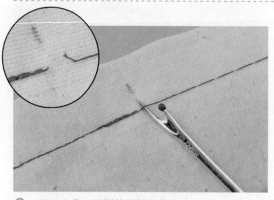

3 开口止位，用拆线器拆去疏缝线。

4 线不要抽掉，将布展开，劈开缝份。

5 拉链带正面两侧粘贴热黏合双面胶带。

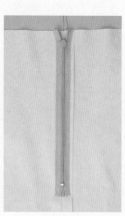

6 剥掉热黏合双面胶带剥离纸，针迹设置在链牙中心处，仅仅用熨斗熨烫黏合拉链带部分。

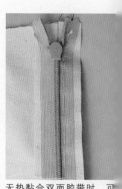

无热黏合双面胶带时，可疏缝。

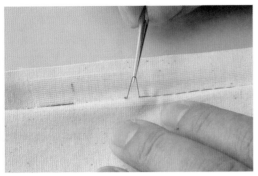

7 用锥子挑掉疏缝线。

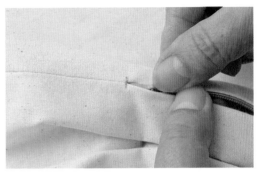

8 将滑锁塞入到开口止位间隙处。

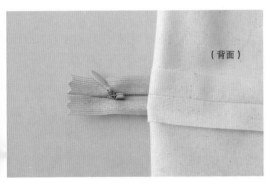

（背面）

9 翻至背面朝外，拉着滑锁往后移。

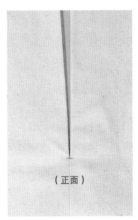

（正面）

10 临时固定拉链（正面）。

（背面）

11 临时固定拉链
（背面）。

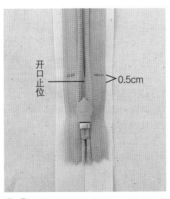

开口
止位 ─ 0.5cm

12 翻至背面朝外，拉链开口止位上方0.5cm处做标记。

要点

事先打开0.5cm，缝制出来非常漂亮

安装拉链时，正好缝至开口止位处，容易起皱。缝至距开口止位处还有0.5cm处，不会起皱，缝制出来的外观非常漂亮。

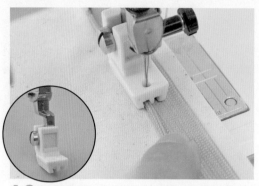

13 立起链牙，将其陷入到隐藏式拉链压脚（如左下图所示）沟处，缝合边缘。

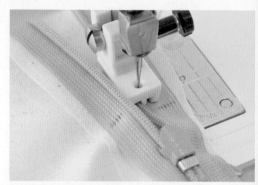

14 缝至步骤12所做的记号处，回针缝，将多余的线剪掉。

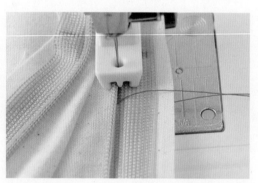

15 另一侧，自记号处开始缝。起缝处与止缝处做回针缝。

16 立起拉链下侧部分，将拉片塞入到开口止位处空隙内。

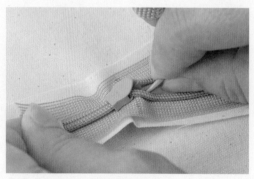

17 拉滑锁，恢复到最初状态。

18 使用钳子将下止金属块固定在拉链开口止位处。

19

拉链安装好的样子
（正面）。

20

拉链安装好的样子
（背面）。

摆缝开口处平纹织拉链安装方法

与隐藏式拉链安装方法相同，平纹织拉链简单的安装方法。

1 两侧缝份处粘贴纸胶带。此时，纸胶带距离布边1cm，粘贴至开口止位处以下1cm处（图①）。

2 布正面相对，用珠针固定。

3 缝至开口止位处，回针缝，再继续缝（参见P116步骤2和3）。

4 用熨斗劈开缝份。

5 拉链带正面两侧粘贴热黏合双面胶带。

6 撕掉热黏合双面胶带的剥离纸，链牙与针

脚重合，用熨斗熨烫黏合（参见P116步骤6）。拆掉疏缝线（参见P117步骤7）。

7 正面明线缝合。距离止缝处4~5cm时，落针状态下抬起压脚，用锥子将滑锁挪至压脚后侧。

8 缝至开口止位处，回针缝，同样方法缝合另一侧。

9 拉链安装好后的样子（图②正面，图③背面）。

①

纸胶带

1cm

②

（正面）

③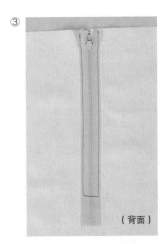

（背面）

最简单的拉链安装方法

羊毛布等不易脱边的布，可在其正面使用装饰缝（或曲折缝）安装拉链。常用于小盒子、包包口袋袋口等。

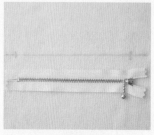

1 拉链安装位置做记号。

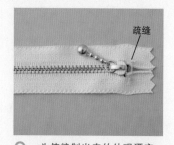

疏缝

2 为使缝制出来的外观漂亮，将拉链口闭合，拉链带部分事先疏缝固定。

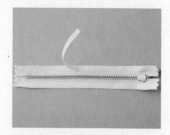

3 拉链带背面两侧粘贴热黏合双面胶带。

4 撕掉热黏合双面胶带剥离纸，放置于拉链安装处，用熨斗熨烫黏合。羊毛布耐热性差，熨烫时需要使用熨烫板边，用熨斗尖熨烫。

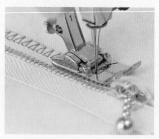

5 拉链带正面边缘处装饰缝（或曲折缝）。

6 缝至滑锁时，落针状态下抬起压脚，用手拉拉片，避开缝针，继续缝合。

7 拉链上、下改变缝合方向，小针脚曲折缝方式缝合，这样缝合出来非常结实。拉链周围缝合一周。

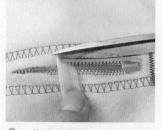

8 将拉链拉开，翻至背面朝外，自明线边缘处裁剪布。

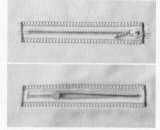

9 拉链缝合好的样子（上图：正面，下图：背面）。

缝纫问答 9

Q 如何缝合皮毛或人造皮毛?

A 缝合时用锥子向内侧塞皮毛。

衣领、包包、小物件等常常会用到人造皮毛或皮毛。有两种缝合方法，一是不留缝份采用曲折缝方法缝合，二是预留缝份缝合。

1 人造皮毛背面编织面和皮毛的皮革面按照纸样做记号。

2 裁剪时，有毛的一面朝下，使用剪刀尖部一点点裁剪编织面或皮革部分。

3 裁剪时，不要剪毛。裁剪整齐后的样子。

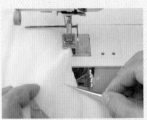

4 两块布有毛的一面相对，叠合，按照对位点对齐。用锥子将毛皮送至内侧，编织面或皮革面用曲折缝方式缝合。

5 展开，用锥子背面压住针脚，劈开。

6 拉出塞入到针脚里的毛毛，用刷子将毛毛弄整齐。

预留缝份缝合时

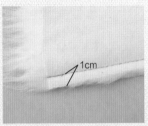

1cm

1 预留1cm缝份，疏缝。

2 将塞入到针脚的毛毛用锥子、粗刷子挑出来。

3 毛毛调整后的样子。

8 绳带的制作及安装方法

制作绳带 接下来介绍两种制作绳带的方法。一种是折叠法，一种是缝合翻布法。准备的布宽=完成的绳带宽+1cm的2倍，长=完成的绳带长+2cm。

●折叠法制作绳带

1 两布边向内折1cm。

2 两端对齐，对折，用熨斗熨烫，使折痕明显。

3 绳带的一端打开，向内折1cm，用熨斗熨烫，使折痕明显（上图）。熨烫后再次打开，一侧角部剪掉一个小三角（下图）。

4 另一端向内折1cm，左侧自折痕折向内侧。

5 左侧折叠后的样子。

6 打开折叠后的左端上部。

7 将右端塞入到步骤6打开的左端上部。

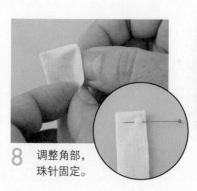

8 调整角部，珠针固定。

9 对齐折痕，明线缝合。

● 翻布法制作绳带

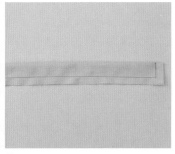

1 布正面相对，对折，对齐，留出1cm的缝份，缝合。一端作为返口，不缝合。

2 在缝合端角部缝份处剪掉一个三角形。

3 折叠短边的布端，用熨斗熨烫平整。

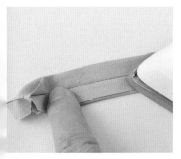

4 用熨斗尖劈长边的缝份。

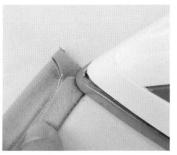

5 折叠角部，用熨斗尖压实。

6 将折叠的角部塞入内侧。

7 塞入细棒，将布一点点翻至正面朝外。

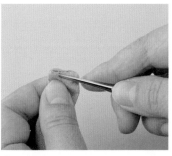

8 用锥子挑出角部缝份，调整形状。

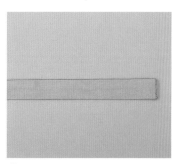

9 将步骤1预留的返口向内侧折叠，布端用明线缝合。

制作穿入口　可以利用针脚在布边处缝制穿入口，也可以应用纽扣扣眼缝制方法制作穿入口。无论是哪种方法制作穿入口，重点是缝制出的穿入口不能脱线、不能易磨损。

●正面看不见处制作穿入口

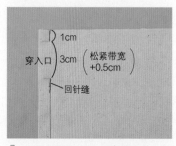

1　布正面相对，对折对齐，预留穿入口，其余部分缝合。

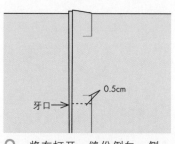

2　将布打开，缝份倒向一侧。穿入口下0.5cm处，一块布的缝份处剪牙口。

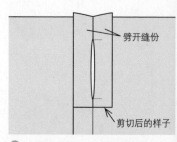

3　劈开有牙口一侧的缝份。

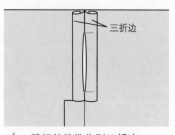

4　劈好的缝份分别三折边。

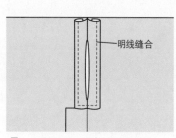

5　明线缝合，压实（背面）。

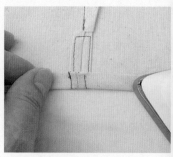

6　穿入口布边向上折1cm，用熨斗熨烫平整。

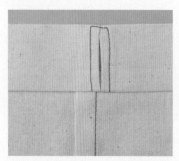

7　再次向上折3cm，用熨斗熨烫平整（背面）。

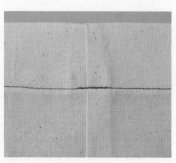

8　缝份处用明线缝合（正面）。

9　穿入口穿入宽2.5cm的松紧带（上图：正面，下图：背面）。

124

●正面看得见处制作穿入口

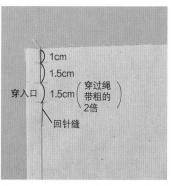

1cm
1.5cm
穿入口 1.5cm （穿过绳带粗的2倍）
回针缝

1 布正面相对，对齐，预留穿入口，其余部分缝合。

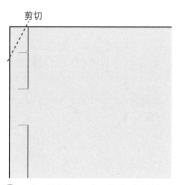

剪切

2 如质地较厚时，将布端剪掉个三角形。

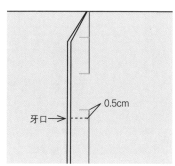

牙口 → 0.5cm

3 将布打开，缝份倒向一侧。在穿入口下0.5cm处，一侧缝份处剪牙口。

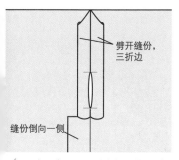

劈开缝份，三折边
缝份倒向一侧

4 劈开有牙口一侧的缝份。劈好的缝份分别向内折三折边。

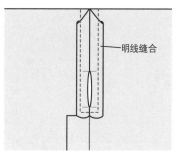

明线缝合

5 明线缝合，压实（背面）。

6 倒过来，穿入口布边向上折1cm，再折1.5cm，用熨斗熨烫平整，三折边。

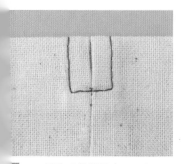

7 三折边后的样子（正面）。

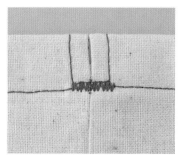

8 缝份处明线缝合。为加强其牢固度，可在穿入口四周做小针脚曲折缝。

9 穿入口穿入粗0.7cm的绳带（正面）。

●用制作纽扣眼的方法做穿入口（对折的斜纹带作为垫布使用。适用于连衣裙腰部前侧系绳带时）

黏合衬

1 开纽扣眼处背面贴黏合衬。

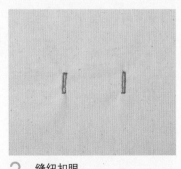

2 缝纽扣眼。

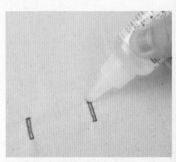

3 涂抹布边防脱剂（参见P16），待其干后，用拆线器（参见P17）开扣眼。

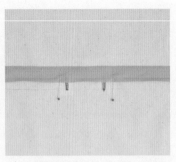

4 用熨斗将斜纹带（市面上销售的类型）一侧展开，斜纹带折痕与标记线对齐，珠针固定。

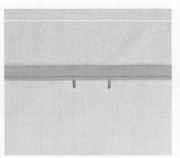

5 沿着斜纹带折痕缝合。

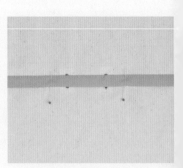

6 斜纹带自缝线向下折，珠针固定。

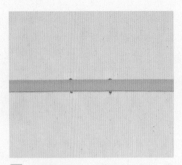

7 明线缝合，缝合完成（背面）。

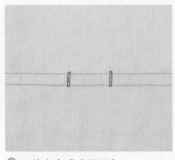

8 缝合完成（正面）。

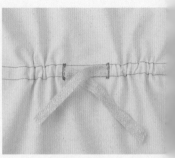

9 穿入绳带后的样子（正面）。

制作包包的手提带

丙烯制的带子常常用作手提袋、鞋袋的手提带。如果了解带子两端的处理方法及缝合方法，将会很有帮助。

1　将丙烯制的手提带端用打火机轻轻烘烤，这样处理，带端不会脱线（注意小心处理）。

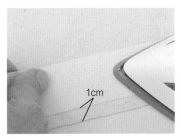

2　自包包口布边1cm处贴黏合衬。也可使用与缝份同宽的衬布（裤子、短裙腰部贴的带状布）。

3　折叠布边，用熨斗熨烫平整。

4　再次折叠，共三折边。

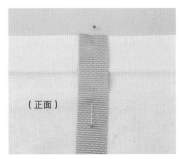

5　布正面朝外，带子贴合在手提带缝合处，珠针固定。如图所示，带子两端、中间都用珠针固定，这样比较结实。

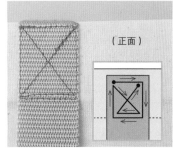

6　三折边处缝合手提带。按照图中所示，缝纫机缝合。起缝处与止缝处回针缝。

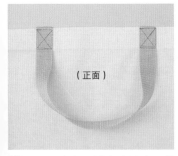

7　另一端也同样方法缝合。缝合结束后接着缝合另一根手提带。

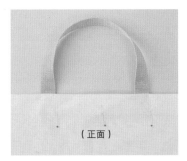

8　三折边处向内侧折叠，向上提手提带。三折边部分用珠针固定，正面明线缝合。

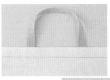

9　缝合完成（上图：正面，下图：背面）。

制作圆绳 制作时，使用翻布器（参见P16），会方便得多。准备的布要长于所需的尺寸，缝合后，剪掉多余的部分，这样效率较高。

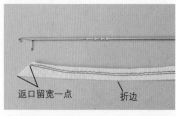

返口留宽一点　折边

1　宽2.5cm斜纹布对折，缝纫机缝合两行。留0.3cm缝份，其余部分剪掉。

2　塞入翻布器。

3　翻布器尖部的钩子钩住布端。

4　为不使布发生偏离，一点点地拉翻布器，将圆绳翻至正面朝外。

5　圆绳全部翻转过来的样子。

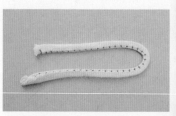

6　根据需要，裁剪长度。

用宽条带子制作手提带 旅行用包包、运动包包等较大的包包的手提带中塞入内芯，这样比较结实也容易拿握。

1　准备好包包用宽条（宽4.5cm）带及内芯。

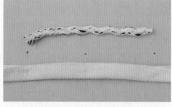

2　塞入内芯部分的带子对折，用珠针固定。

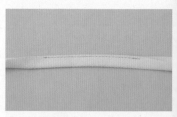

3　明线缝合带子中间部分边侧。

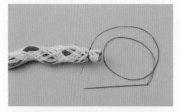

4　内芯一端用线紧紧缠绕2~3周，缝合固定。

5　塞入翻布器，翻布器尖部钩住内芯，将内芯穿入到带子中间。

6　完成。同样方法制作两根，安装在包包上。

制作塞入内芯的圆绳　将毛线作为内芯，用来制作圆滚滚的结实的圆绳。此种圆绳可做盘扣、包包的手提带等。

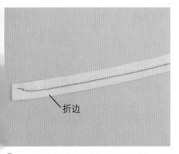

折边

1　将裁剪好的斜纹布对折，缝纫机缝两条线。一端预留较宽的返口。

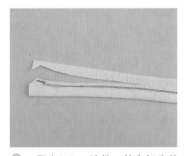

2　留出0.3cm缝份，其余部分剪掉。

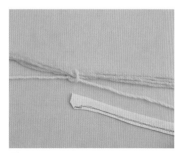

3　内芯（毛线）中间部位事先打好结。如布是白色或是浅色时，毛线要与布的颜色相搭配才好。

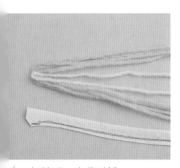

4　打结后，内芯对折。

5　在缝好的斜纹布内塞入翻布器。

6　用翻布器尖部钩住内芯的结点和布端。

7　为不使内芯发生偏离，要一点点地拉翻布器，拉至布端到达内芯结点处为止。

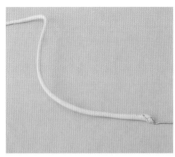

8　圆绳全部翻转过来的样子。

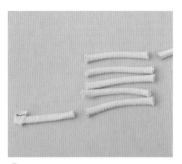

9　根据需要，剪成段。

9 缩缝抽褶、褶裥、暗褶

抽褶、褶裥、暗褶可以让作品看起来富有立体感。按照记号线对齐，缝合，外形美观。

缩缝抽褶

抽褶指的是将布缝合后，抽缩，制作而成的细小褶皱。按照记号线对齐，用锥子压送着布缝合。

1 安装布与抽褶布上画对位点。不仅要画纸样的对位点，其中间处也要画出对位点。

> **要点**
>
> **如安装布质地较薄，可在缝份处粘贴黏合衬**
>
> 如安装布质地较薄或是伸缩性布料时，可以事先在其缝份处粘贴黏合衬，这样，抽褶便能顺利缝合上了。

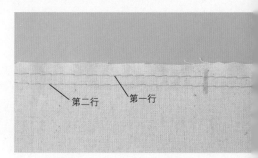

2 调松面线，缝纫机大针脚缝两行。第一行缝在缝份中间处，第二行缝在缝线边缘处。

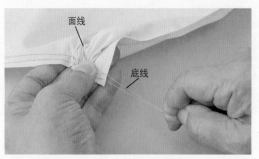

3 两根底线对齐，打结。手握打结点，将两根底线一起往外拉，做抽褶。事先用左手按住面线。

4 抽好褶后的样子。

5 缝份处用熨斗熨烫平整，这样抽褶看起来非常平。

> **要点**
>
> **一边用手摊布料，一边熨烫**
>
> 熨斗边贴住缝份，用左手摊开布料的同时熨烫，成形较美观。质地较厚时，背面也要熨烫，这样抽褶才能平整。

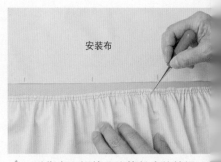

6 对位点之间放入均等长度的抽褶，用锥子调整形状，抽褶与安装布对位点对齐。

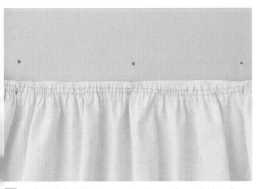

7　安装布与抽褶布正面相对，对齐，珠针固定。

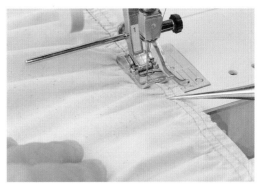

8　用锥子压送着布，一边确认缝份一边缝合。

9　缝合完成的样子。

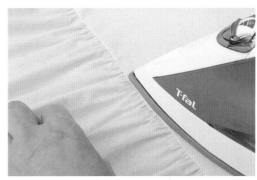

10　翻至正面朝外，左手调整抽褶的同时，用熨斗熨烫。

11　缝合完成（正面）。

12　缝合完成（背面）。

缝合褶裥

褶裥指的是将布折叠起来制作而成的褶皱。用缝纫机疏缝是制作重点。

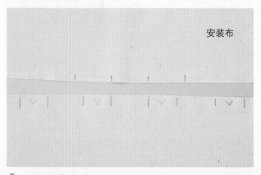

安装布

1　褶裥位置处画好记号（∨表示的是褶裥位置处）。

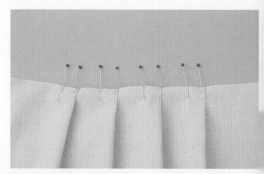

2　记号线与记号线对齐，折叠，珠针固定。

3　折叠后，自缝线偏缝份处以缝纫机大针脚缝合（疏缝）。

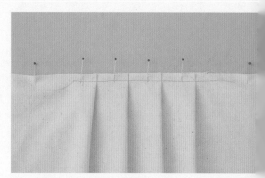

4　褶裥布与安装布沿着对位点对齐，珠针固定，缝合。

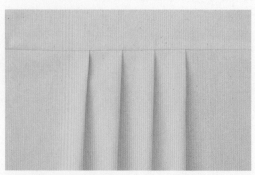

5　缝合完成（正面）。

6　缝合完成（背面）。

缝合暗褶

暗褶指的是为使衣服能显示身材，捏着布料，立体缝合的方法。暗褶尖部布边部分缝纫机缝合2~3针，最后不需要回针缝，线端打个结便可。

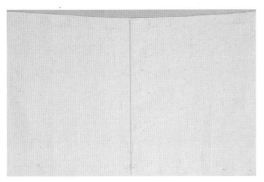

1 使用布用复写纸画出纸样暗褶，用画线笔于中心处画直线。

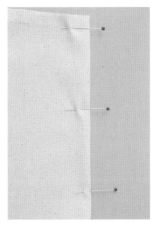

2 布料以中心线为中心，正面相对，对折，珠针固定。暗褶终点前0.5cm处也事先珠针固定。

3 沿着暗褶尖部缝合，一直缝至步骤2暗褶终点前珠针固定处。

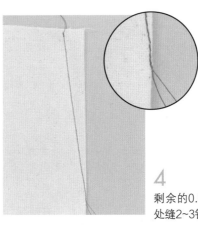

4 剩余的0.5cm的布边处缝2~3针。

5 最后不需要回针缝，预留长约10cm的缝线，打个结即可。

6 再将两根线对齐，打个固定结。

7 线留出0.5cm，其余部分剪掉。

8 暗褶缝合完成（正面）。短裙、连衣裙腰部暗褶朝着身体中心，胸部暗褶缝份倒向上方，最后熨斗熨烫平整。

9 暗褶尖与布融为一体，缝制出的弧线部分非常温和、平缓。

错误！

缝合得不平稳，暗褶便不能与布边很好得融为一体。

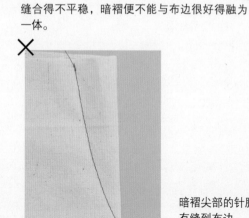

暗褶尖部的针脚没有缝到布边。

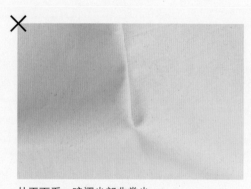

从正面看，暗褶尖部非常尖。

即使是横向看，也能看出暗褶不平缓，尖尖的。

质地较厚的羊毛布打暗褶时

质地较厚的羊毛布打暗褶时，需要将暗褶缝份剪开，劈开缝份。

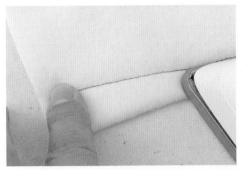

1 缝合暗褶，暗褶尖部打结（参见P133），缝份处喷点水，熨斗熨烫，破坏布料的厚度。

2 厚度被破坏后的样子。

3 预留1cm左右的缝份，其余部分剪掉。

4 用熨斗尖劈开缝份。

5 缝合完成（正面）。

6 横向所见的缝合完成后的样子（正面）。

10 缝合开叉口

连衣裙、衬衫的领窝、袖口等处常常会有个豁口，因此需要制作"开叉口"。缝制时注意豁口部分不要磨损。

制作开叉口

两块布对齐，缝合，裁剪的豁口称为"开叉口"。采用小针脚缝合，处理时要小心仔细。

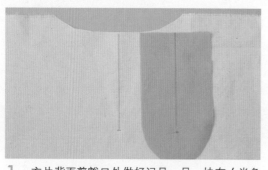

1 衣片背面剪豁口处做好记号。另一块布（米色布）也要事先做好记号。

2 记号两侧粘贴纸胶带，开口止位处纸胶带成十字交叉（参见P36）。

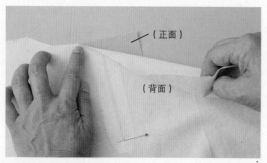

（正面）

（背面）

3 衣片布与米色布正面相对，对齐，开口止位处珠针固定。

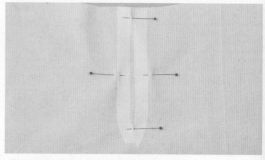

4 衣片布与米色布珠针固定的样子。

5 缝合记号线两边（0.5cm）。

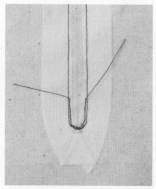

6 开口止位处回针缝或是缝合后再次缝合，加强其牢固度。第二回缝合时针脚要小，缝合在缝份侧。

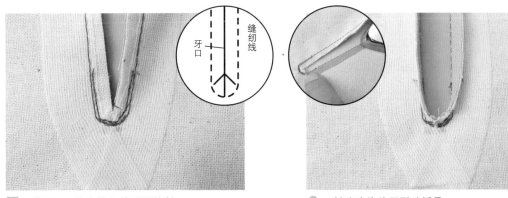

缝纫线

牙口

7 剪牙口，注意缝纫线不要剪断。

8 针脚边缘处用熨斗折叠。

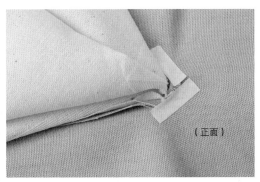

（正面）

9 米色布背面开口止位处粘贴热黏合双面胶带，以达到牢固的作用。这样缝合出来的明线很漂亮。

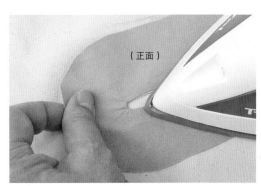

（正面）

10 撕掉热黏合双面胶带的剥离纸，自米色布的正面熨烫黏合。

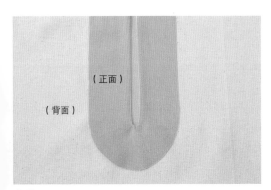

（背面）

（正面）

11 熨烫结束后的样子。

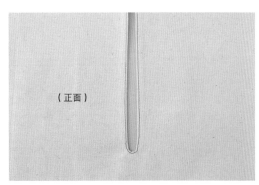

（正面）

12 翻至正面朝外，开口部分0.1cm处明线缝合。

了解更多用缝纫机缝制的知识

除基本缝纫机缝合外，接下来将结合作品介绍一些制作应用的小技巧。

漂亮地缝制
弧线的缝份

缝制喇叭裙下摆、圆形桌布等的边缘处时，缝份外围突起部分易起褶皱，弧线不平缓。完成的样子不美观。

使用缝纫机疏缝、缩缝

将布缩至未抽褶的程度，称为"缩缝"（参见P6）。羊毛布等质地较厚的布料缝纫机疏缝后用此方法处理。

1 下摆背面画好记号（缝份尺寸×2）。

2 下摆缝份处面线松弛、使用缝纫机疏缝。

3 抽拉底线，缩拢。

4 布边沿着记号线对齐，折叠缝份，确认弧线部分缩拢的宽度均匀。

5 缩拢边处用熨斗熨烫平整。

6 折叠缩拢后的下摆，用熨斗轻轻熨烫。熨烫时中间塞入厚纸，不会影响到正面。

7 向上折的缝份边从正面用珠针固定（或者疏缝固定）。

8 正面明线缝合。

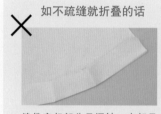

如不疏缝就折叠的话

缝份突起部分易褶皱。尖部易翘起，弧线不平稳。

质地较硬的布料 **三折边**

用牛仔布、麻布等质地较硬的布料缝制时，缝份要窄，三折边后再双明线缝合，这样缝制出来的样子非常美观。

1　用熨斗将下摆向上折1cm，再折一次，用熨斗熨烫平整。

2　以双平行明线缝合。

质地适中至较薄的布料 **缝纫机疏缝 三折边**

缝制质地适中至较薄的布料时使用的方法。

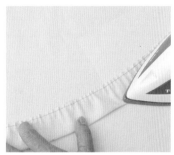

1　缝份向上折叠1cm，布边使用缝纫机疏缝。

2　再次折叠布边，拉线，缩拢。

3　沿着弧线，确保缩拢的宽度均匀。中间塞入厚纸，熨烫平整。

4　缩拢均匀。

5　正面以明线缝合。

使用斜纹带处理

张力较强的丝绸、聚酯，使用斜纹带处理弧线缝份，缝制出的装饰压条平缓。

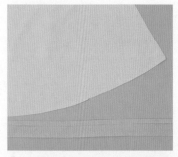

1 事先将斜纹带（市面上销售的种类）一边缝份自折痕处打开。

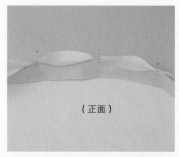

（正面）

2 打开折痕的斜纹带与缝份边正面相对，对齐，用珠针固定。斜纹带呈可安装状态。

3 沿着斜纹带折痕缝合，注意缝合过程中不产生褶皱。

4 斜纹带安装完成后的样子。

（背面）

5 自缝线至布端，用熨斗轻轻熨烫平整。

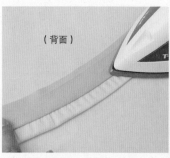

（背面）

6 下摆与斜纹带一起折向背面，用熨斗轻轻熨烫。

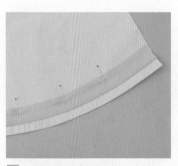

7 斜纹带用珠针固定。

8 暗针缝固定斜纹带。

9 缝合完成（正面）。

| 缝合花边、装饰带 | 市面上销售的花边、装饰带种类繁多。掌握其安装方法，在制作的作品上安装花边、装饰带，享受手工制作的乐趣吧。 |

缝合花边

下摆、口袋袋口处安装花边时，需要三折边。使用厚纸的话，缝合起来会非常容易。

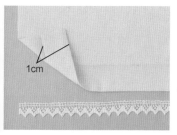

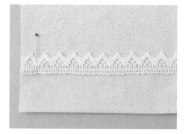

1 花边事先浸过水，用熨斗熨烫平整。布边向内折1cm。花边安装处画上记号线。

2 将花边覆在线上，用珠针固定。

3 缝纫机缝合花边底边。将厚度如明信片的厚纸塞在压脚下缝合时不易错位。

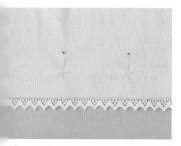

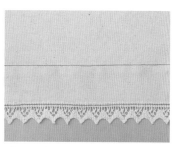

4 花边边缘处用熨斗熨烫平整，缝份折向内侧。正面用珠针固定，固定缝份。

5 正面以明线缝合。缝合完成（正面）。

6 缝合完成（背面）。

缝合波浪花边、毛球花边

缝在衣服、包包上，起装饰作用。缝合时使用锥子，以确保花边不偏离。

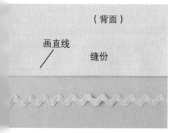

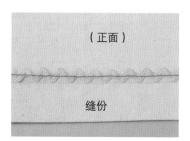

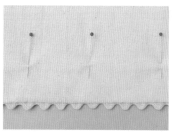

1 布边事先三折边。波浪花边缝合处（自折合端开始，宽度为花边一半宽）画直线。

2 将三折边部分展开，步骤1画的线与波浪花边底端对齐，花边中心处缝合。

3 波浪花边自缝线边缘处折向里侧，用熨斗熨烫平整，正面用珠针固定缝份。

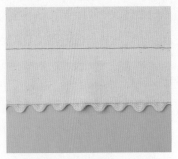

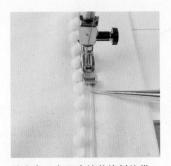

4　缝份处以明线缝合（正面）。

缝合有一定厚度的菱格斜纹带、毛球花边时，压脚更换为拉链缝合用压脚，一边用锥子送布一边缝合，防止花边脱离。

缝份处以明线缝合（正面）。

弧线处缝合波浪花边

连衣裙、衬衫领部等弧线处需要缝合花边时，要事先将花边的形状调整好。

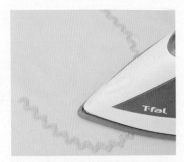

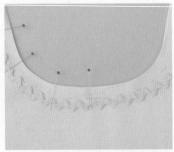

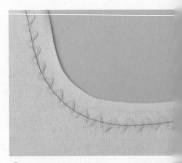

1　花边与纸样弧线处对齐，用熨斗熨烫平整。

2　波浪花边缝合位置处画记号，用珠针固定花边。也可使用热黏合双面胶带（参见P34）。

3　花边中心处缝合，缝合时要用锥子压着花边。

弧线处缝合花朵花边

领窝中心与花朵中心对齐，这样缝合出来得非常漂亮。

弧线中心

1　花朵花边缝合位置处画记号，花朵中心与弧线中心对齐，用珠针固定。

2　花边中心处以明线缝合，缝合时要用锥子压着花边。

衣领处缝花边

衣领处易引人注意，因此缝合时要仔细。

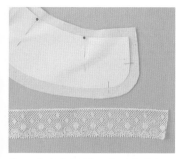

1 事先将纸样上的对位点复制在布上。

2 使用缝纫机疏缝花边，抽拉底线，做抽褶。

3 沿着衣领纸样对齐花边。

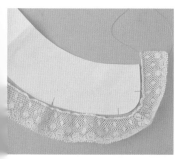

4 如图所示，弧线部位花边容易立起来导致缝合时量不足。因此花边与衣领对齐，做抽褶。

5 将纸样上的对位点复制在花边上。

6 画好对位点的花边。

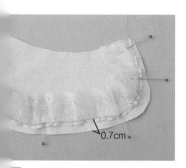

7 花边与表领布正面相对，沿着对位点对齐，用珠针固定。

8 花边抽褶周围用熨斗熨烫平整。熨烫时花边倒向衣领内侧。

9 弧线部位花边的抽褶处，用熨斗压实。

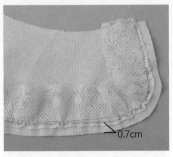

10 花边边缘疏缝。同时拆掉步骤2的缝线。

里衣领布（背面）

11 步骤10完成品与里衣领布正面相对，沿着对位点用珠针固定。必要时也可疏缝固定。

12 缝份宽1cm，一边用锥子送布一边缝合，注意缝合整齐。

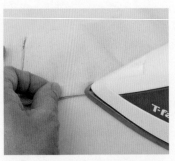

13 针迹边缘处用熨斗倒缝份。

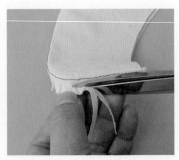

14 留0.3~0.5cm的缝份，其余部分剪掉。

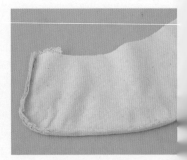

15 缝份裁剪整齐后的样子。

16 翻至正面朝外，使用熨斗尖压住缝份，调整花边的形状。

17 缝合完成（正面）。

第4章

开始缝制作品吧

1 桶形迷你包包

包底为椭圆形，非常可爱。使用麻布设计，造型饱满，非常适合购物、散步时使用。

要点

包口与包底粘贴了黏合衬，非常结实。包底为直线，直线与弧线部分的缝合方法请参照P91。

成品尺寸
正面　29cm×17cm
包底　23cm×10cm
手提带　1.5cm×35cm

桶形迷你包包尺寸图 ○内数字代表缝份宽度

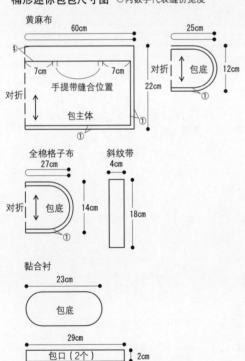

黄麻布
60cm
25cm
①
7cm　7cm
对折　包底　12cm
22cm
对折
手提带缝合位置
包主体
①

全棉格子布
27cm
斜纹带
4cm
对折　包底　14cm
18cm
①

黏合衬
23cm
包底
29cm
包口（2个）　2cm

材料
表布/黄麻布（包主体、包底）
配布/全棉格子布（斜纹带、包底）
黏合衬（包主体、包底）
皮革带（手提带）宽1.5cm，长35cm 2根
皮革带（固定纽扣用的绳带）宽0.3cm，长23cm
皮革纽扣　直径2.5cm 1个
60号缝纫线

工具
14号缝纫针、锥子、硅胶（参见P45）

复制纸样（包底用）、裁剪布料
黄麻布（包主体用布）正面相对，对折。包口预留4cm缝份，其余处预留1cm缝份，裁剪。黄麻布（包底用布）与全棉格子布（包底用布）使用书后纸样，预留1cm缝份，裁剪。表布用书后纸样不留缝份，裁剪包底用黏合衬，事先粘贴在黄麻布（包底用布）背面。

缝制手提带

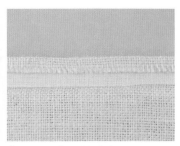

1 包口背面粘贴黏合衬，缝份三折边。

2 参照P127步骤2~5，缝制两根手提带。按照右图所示缝纫机缝合。

缝制质地较厚的皮革带时一边用手转动手轮一边缝合

手提带缝合难度较大时，不用脚踏板，用手一边转动手轮一边缝合，这样缝制出来的外观漂亮。此外，皮革带拼缝处涂抹上硅胶，缝针易穿透。

缝合侧缝

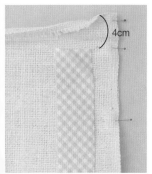

4cm

3 布正面相对，对齐，用珠针固定侧缝。自上端4cm处放置斜纹带。

4 将布与斜纹带一起缝合到侧缝上。

5 用斜纹带包裹缝份，熨斗熨烫平整。多余的斜纹带剪掉。

裁剪

6 边缘处盖线。缝份上端剪个斜角。

牙口

劈开缝份

倒向一侧

7 自上端4cm处的缝份处剪牙口，劈开牙口上方的缝份。侧缝的缝份用熨斗倒向一侧。

缝制皮革带

8 一侧手提带中间缝份处用锥子打孔。

9 穿过皮革带，打结。

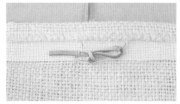

缝合包口、包底

（背面）

10 包口三折边。

明线缝合

11 包口正面明线缝合。手提带部分较难缝合时，用手一边转动手轮一边缝合。

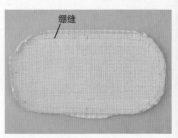

绷缝

12 全棉格子布上叠加贴有黏合衬的底布，缝纫机缝合。

（正面）

13 底布与主体布正面相对，沿着对位点用珠针固定。

14 缝合包底。

15 用熨斗熨烫，使全棉格子布能包裹住缝份。包裹的全棉格子布端用曲折缝。

缝制完成

缝合完成（正面）。

缝合完成（背面）。

皮革带（9）中心处缝合纽扣。

缝合完成后的包包内侧（正面）。

桶形迷你包包缝制完成。

2 童装连衣裙

建议初学者缝制无袖、无领童装连衣裙。领窝、袖窿上粘贴纸胶带，口袋袋口缝入贴布，这样即使穿过多次也不会变形，不会被损坏。

要点

首先要掌握贴边的缝合方法、摆缝、缝制袖窿等。如设计相同，即使是大人连衣裙也可采用同样的缝制顺序缝制。

材料
表布/圆点印花棉布
黏合衬
纸胶带
热黏合双面胶带
纽扣 直径1cm 1个
60号缝纫线
手缝线

工具
11号缝纫针、手缝针、锥子、厚如明信片的厚纸

复制纸样、裁剪布料
使用书后的纸样。参照P40~P44和裁剪尺寸图，复制纸样、裁剪布料。

童装连衣裙裁剪图
（适合身高100~110cm，体重16~19kg）
○内数字代表缝份宽度。

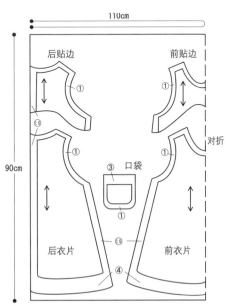

1 粘贴黏合衬、摆缝处做曲折缝

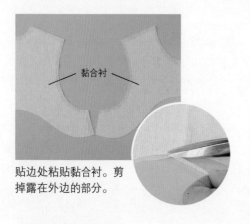

贴边处粘贴黏合衬。剪掉露在外边的部分。

袖窿、领窝处粘贴纸胶带。

衣片摆缝处自下摆至上做曲折缝。

2 缝合贴边、衣片肩部

分别缝合衣片肩、贴边肩。

因缝份重叠，剪掉衣片、贴边缝份边。

缝合后的贴边与衣片肩部劈开缝份。

3 缝合领窝、袖窿

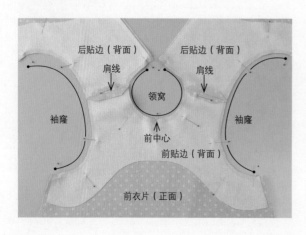

衣片与贴边正面相对，分别沿着前中心、肩线对齐，珠针固定。缝合领窝、袖窿。

珠针固定法和疏缝

缝合结实的布料时，珠针固定在稍稍偏离缝份处也是可以的。较柔软的布料时，事先疏缝，再缝合。

4 领窝、袖窿处剪牙口

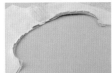

领窝、袖窿缝份处剪牙口（参见 P68~P69）。

因领窝处缝份重叠，后中心缝份剪掉三角形。

针迹边缘用熨斗压实，折向衣片侧。如事先折叠好，缝制出来会非常漂亮。

5 自肩部中间拉出衣片，翻至正面朝外

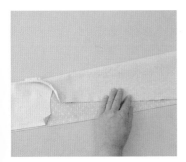

后衣片对折。

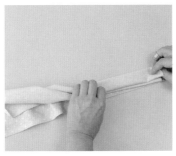

再对折，制成带芯一般。

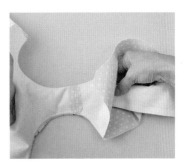

从肩部中间塞入后衣片。

一点点拉出。

将拉出后的后衣片展开。

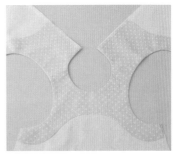

另一面的后衣片同样方法拉出，展开，自贴边侧用熨斗熨烫，调整缝份的形状（背面）。

6 缝合摆缝，缝制袖窿

因缝份重叠，袖窿缝份边剪掉一个三角形。

将贴边展开，对齐袖窿的针迹，珠针固定。

摆缝与贴边缝份对齐，珠针固定。

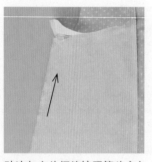

贴边与衣片摆缝按照箭头方向继续缝合。

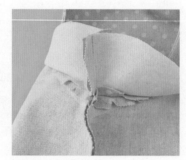

缝合结束后的样子。

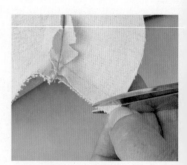

贴边角部剪掉个三角形。

摆缝与贴边用熨斗劈开缝份。

贴边正面朝上，用熨斗熨烫平整。

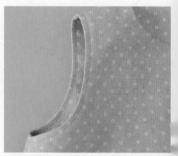

袖窿处明线缝合。自袖下方开始缝合，最后在起缝处重复缝2~3针。

7 缝制口袋

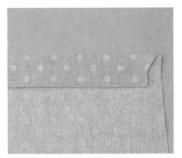

口袋袋口三折边，剪掉缝份叠合部分。正面明线缝合口袋袋口。

用厚纸片制作口袋纸样，纸样贴在口袋布背面，沿着圆润部分对齐，裁剪。

使用熨斗尖沿着厚纸圆润部分折缝份。

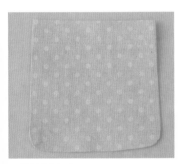

口袋缝制完成。

将口袋放置在衣片口袋缝合处，用珠针固定。

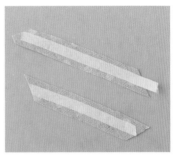

制作贴布。宽1.5cm、长5cm的布上粘贴热黏合双面胶带，裁剪。

将贴布裁剪成2cm左右，粘贴在前衣片背面口袋袋口两端侧。

四周明线缝合，将口袋缝在衣片上。

8 缝制圆绳（固定纽扣的绳带）

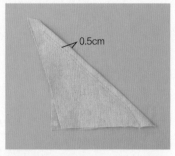

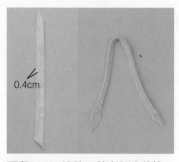

5cm见方的共布沿着中心线正面相对，折成三角形，距对折线0.5cm处缝合。

预留0.4cm缝份，其余部分剪掉，使用翻布器翻至正面朝外（参见P128），制作圆绳。

根据纽扣的大小，圆绳合适位置处明线缝合，临时固定在后衣片上，多余部分事先剪掉。

9 缝制后中心线

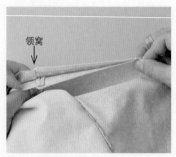

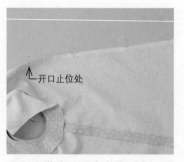

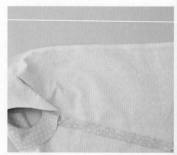

后衣片正面相对，领窝对齐，开口止位处用珠针固定。

开口止位处、后中心线对齐，珠针固定（如无布耳，可事先曲折缝）。

自下摆处缝合，缝至开口止位处。

10 缝制后中心线

后中心与摆缝下摆处缝份剪掉一半，这样缝制出来整齐、美观。劈开缝份。

下摆处做曲折缝。

贴边端做曲折缝。

11 缝制后开口部分

开口部分的衣片与贴边对齐，珠针固定。

左右两边分别缝合至开口止位处。

针迹边缘处用熨斗劈开缝份。

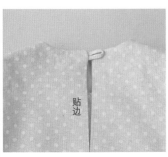

翻至正面朝外，用熨斗熨烫平整，使用锥子挑角（参见P13）。

后贴边尖部十字交叉，加强开口处牢固度。用熨斗压烫平实。

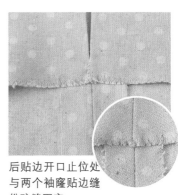

后贴边开口止位处与两个袖窿贴边缝份疏缝固定。

下摆与开口部分、领窝自正面明线缝合，缝制完成（后面）。

缝制完成（后面、背面）。

缝制完成（前面、正面）。后面缝纽扣，缝制完成。

TITLE：[イチバン親切なソーイングの教科書]

by：[かわい きみ子]

Copyright © Kimiko Kawai 2011

Original Japanese language edition published by Shinsei Publishing Co.,Ltd.

All rights reserved. No part of this book may be reproduced in any form without the written permission of the publisher.

Chinese translation rights arranged with Shinsei Publishing Co.,Ltd.

Tokyo through Nippon Shuppan Hanbai Inc.

日本株式会社新星出版社授权河南科学技术出版社在中国大陆独家出版发行本书中文简体字版本。

著作权合同登记号：图字16—2012—029

图书在版编目（CIP）数据

最详尽的缝纫教科书 /（日）河合公美子著；杨彩群译. — 郑州：河南科学技术出版社，2013.6（2014.9重印）

ISBN 978-7-5349-6147-2

Ⅰ.①最… Ⅱ.①河… ②杨… Ⅲ.①缝纫 – 日本 – 图集 Ⅳ.①TS941.634-64

中国版本图书馆CIP数据核字（2013）第064485号

策划制作：北京书锦缘咨询有限公司
总 策 划：陈 庆
策 划：李 卫
装帧设计：柯秀翠

出版发行：河南科学技术出版社
　　　　　　地址：郑州市经五路 66 号　　邮编：450002
　　　　　　电话：(0371) 65737028　65788613
　　　　　　网址：www.hnstp.cn
责任编辑：刘 欣
责任校对：柯 姣
印　　刷：天津市蓟县宏图印务有限公司
经　　销：全国新华书店
幅面尺寸：170mm×240mm　　**印张**：10　　**字数**：270千字
版　　次：2013年6月第1版　　2014年9月第5次印刷
定　　价：36.00元